Benjamin Kühnl

Optimale Nutzung der CD als Mastering-Medium

GRIN Verlag

Bibliografische Information der Deutschen Nationalbibliothek:

Die Deutsche Bibliothek verzeichnet diese Publikation in der Deutschen Nationalbibliografie; detaillierte bibliografische Daten sind im Internet über http://dnb.d-nb.de/ abrufbar.

Impressum:

Druck und Bindung: Books on Demand GmbH, Norderstedt Germany
ISBN: 978-3-640-32533-7

Dieses Buch bei GRIN:

http://www.grin.com/de/e-book/64631/optimale-nutzung-der-cd-als-mastering-medium

Benjamin Kühnl

Optimale Nutzung der CD als Mastering-Medium

SAE Institut Frankfurt

18.04.2006

Vorwort

Hiermit erkläre ich an Eides statt, diese Arbeit selbstständig und unter Nutzung keiner anderen als der angegebenen Quellen verfasst zu haben.

Mainz, 18.04.2006

Benjamin Kühnl

Inhaltsverzeichnis

1. Einleitung

Die vor 24 Jahren entwickelte CD-DA (Compact Disc Digital Audio) ist das Standard-Medium für den Verkauf von Musik-Alben und noch immer aktuell. Ein Ersatz durch die DVD-Audio oder eines anderes Medium ist bislang nicht in Sicht und auch die sich auf dem Vormarsch befindlichen Mp3-Songs zum Download von Musikbörsen werden oft weiterhin auf Audio-CD gebrannt. Als Mastering-Medium (technisch: Premastering-Medium) für die Vervielfältigung von CDs hat sich in den letzten Jahren die CD-R (Compact Disc Recordable) in den Tonstudios weit verbreitet. Sie wird von jedem Presswerk akzeptiert, ist extrem günstig und ein CD-Master kann sehr schnell erstellt werden. Häufig jedoch wird die CD-R von Profis der Audio-Branche beschimpft oder nur ungern benutzt, weil sie sehr anfällig für Fehler ist, die jedoch nicht etwa durch Konstruktionsfehler des Mediums entstehen. Der Markt ist überflutet mit CD-Rohlingen von unzähligen verschiedenen Herstellern beziehungsweise Marken, die die Medien in den unterschiedlichsten Preisklassen und Verpackungen anbieten. Diesen Verpackungen sieht man zudem meistens nicht an, was sich tatsächlich im Innern verbirgt – kauft man einen Marken-Rohling, bedeutet dies keineswegs, dass der Rohling tatsächlich von dieser Marke hergestellt wurde. Des Weiteren werden gleichartige CD-Rohlinge aus verschiedenen Materialien gefertigt, die die Qualität des Rohlings beeinflussen. Auch bei der Auswahl eines CD-Brenners stehen einige Dutzend zur Auswahl. So entstehen Inkompatibilitäten zwischen CD-Rohling und CD-Rekorder, die zu schlechten Ergebnissen führen. Früher gab es dergleichen Probleme nicht. Für das Mastering-Medium „U-Matic 1630“ beispielsweise, das jahrelang ein Standard in Mastering-Studios war, existiert ein Standard-Gerät, der Sony PCM-1630 Prozessor, und das passende Band dafür – auf diese Weise konnte es nie zu Inkompatibilitäten kommen.

Die Wichtigkeit eines möglichst hochwertigen Masters liegt auf der Hand: Alle Fehler, die bei der Erstellung des Masters gemacht werden, sind auf den vervielfältigten CDs ebenfalls vorhanden und können dazu führen, dass die CDs von vielen CD-Playern nicht abspielbar sind. Ein sorgfältig vorgehendes Presswerk sollte zwar jedes fehlerhafte CD-Master zurückweisen, jedoch geschieht dies in manchen Fällen nicht und alle gepressten CDs sind unbrauchbar.

In Kapitel 5 werden die Eigenschaften der verschiedenen Rohlingstypen und die verwendeten Materialien betrachtet, um herauszufinden, welche Rohlinge am besten für die Master-CD-Erstellung geeignet sind.

Zuvor jedoch werden in Kapitel 2 die Grundlagen der Audio-CD betrachtet. In dieser Arbeit soll allerdings nicht jedes technische Detail der Audio-CD aufs Genaueste durchleuchtet werden, denn dafür kann man für 150 Euro das „Red Book“ bei Philips erwerben oder in diversen Handbüchern über Audiotechnik nachlesen. In diesen steht jedoch nicht, wie man beim Erstellen eines CD-Masters am besten vorgeht. Das Ziel dieser Arbeit ist es deshalb, alle relevanten Informationen zur Anfertigung eines weitestgehend fehlerfreien und qualitativ hochwertigen CD-Masters zusammenzustellen, die das Medium selbst betreffen. In Kapitel 2 werden deshalb nur die Grundlagen vermittelt, die benötigt werden, um den Aufbau, das Datenformat und die Fehlerkorrektur der Audio-CD zu verstehen, während die detaillierte Untersuchung mathematischer Kodierungsverfahren und anderer für die Tonstudio-Praxis irrelevanter Faktoren außer Acht gelassen wird.

Ein großer Unsicherheitsfaktor bei der Erstellung eines CD-R-Masters sind die vielen Gerüchte, die um das Brennen von CDs kursieren – zum Beispiel die allseits bekannte Aussage, eine hohe Schreibgeschwindigkeit verschlechtere die Audio-Qualität der CD. Die Entstehung solcher Gerüchte liegt vor allem daran, dass die CD-R neben der Nutzung im professionellen Audio-Bereich auch ein „Consumer-Format“ ist und somit von Millionen von Menschen genutzt wird, die ihre oft fragwürdigen Erfahrungen und Erkenntnisse zum Beispiel in Internet-Foren verbreiten. Es ist schwer, sichere Bestätigungen für solche Aussagen zu finden, und so muss man selbst ausprobieren, was die besten Ergebnisse liefert – womit man dem nächsten Problem gegenübersteht: Wie überprüft man, ob die gebrannte Master-CD tatsächlich fehlerfrei und damit geeignet für die Vervielfältigung im Presswerk ist? Die Fehler sind meistens nicht hörbar; können jedoch bewirken, dass die CD auf manchen CD-Playern nicht richtig abgespielt werden kann, auch wenn sie im hauseigenen CD-Player vielleicht einwandfrei läuft. Deshalb werden in Kapitel 7 die möglichen Fehler und ihre Bedeutung erläutert und die Möglichkeiten zur Fehlerüberprüfung einer gebrannten CD untersucht.

Weitere Unklarheiten herrschen oft bei den verschiedenen Möglichkeiten, eine CD zu brennen: Es stehen unterschiedliche Schreibmodi wie Disc-at-once und Track-at-once zur Verfügung; man kann direkt aus dem Arrangement einer DAW-Software (DAW = Digital Audio Workstation) brennen, eine CD-R ‚überbrennen', also die eigentlich zulässige Gesamtlänge überschreiten, CD-Text hinzufügen oder eine CD-Extra erstellen. Bei all diesen Möglichkeiten stellt sich dem Anwender insbesondere eine Frage: Was ist erlaubt, wenn die CD im Presswerk vervielfältigt werden soll? Dieser Frage soll bei der Untersuchung der verschiedenen Themen grundsätzlich Beachtung geschenkt werden.

2. Definition der Audio-CD: Der Red Book-Standard

2.1 Der Aufbau der Audio-CD

Sämtliche Eigenschaften einer Audio-CD oder auch CD-Digital-Audio (CD-DA) sind im so genannten Red Book festgelegt, das 1980 von Philips und Sony veröffentlicht und seitdem kontinuierlich überarbeitet wurde. Das Red Book, auch bezeichnet als IEC 908-Standard, ist die Grundlage für alle anderen CD-Standards wie die CD-ROM (Yellow Book) oder die CD-Extra (Blue Book)[1, 2].
Im Red Book sind zunächst sämtliche physischen Eigenschaften der Audio-CD festgelegt, wie zum Beispiel der Durchmesser der CD-Scheibe, deren Höhe oder die Größe des Lochs in der Mitte der CD. Wie auf der analogen Schallplatte befindet sich auf der CD eine Spur, die von einem Lesekopf ausgelesen wird. Anstelle von analogen Wellenformen enthält diese jedoch Binärdaten in Form von Pits und Lands (Vertiefungen und Ebenen). Die genaue Größe dieser Pits ist ebenfalls durch das Red Book vorgeschrieben, genauso wie die Breite der Spur und die zulässigen Schwankungen in der Höhe der Spur[3, 4, 5].
Die Daten einer CD nach dem Red Book-Standard sind in verschiedene Sektoren aufgeteilt, die folgende Struktur aufweisen: Eine Sekunde der CD enthält 75 physikalische Sektoren; ein physikalischer Sektor ist 3234 Bytes groß. Ein solcher Sektor ist wiederum in 98 Frames unterteilt, die somit jeweils 33 Bytes groß sind[6, 7].
Dieser Frame enthält nun 24 Bytes an Audiodaten, 1 Kontrollbyte und 8 Byte für die Fehlererkennung und -korrektur (CIRC-Kodierung)[8, 9, 10, 11].

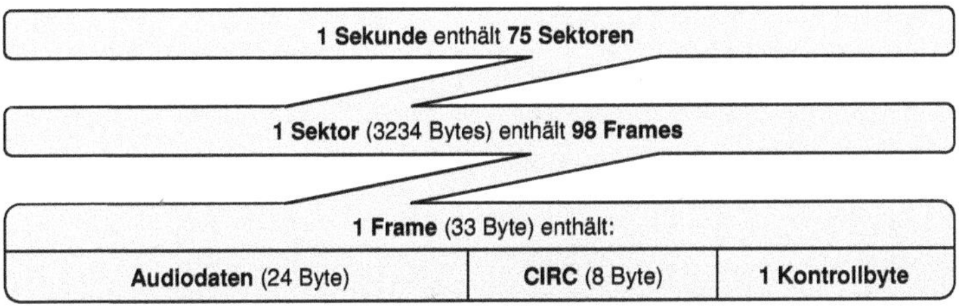

Abbildung 1: Die Organisation der Daten auf der Audio-CD

Die 24 Byte an Audiodaten in einem Frame setzen sich folgendermaßen zusammen[12, 11]:

6 Audiosamples · 2 Kanäle [Stereo] · 2 Bytes pro Sample [= 16 Bit] = 24 Byte

Multipliziert man die 6 Audiosamples mit 98 Frames und 75 Sektoren, erhält man mit 44.100 Samples pro Sekunde die Samplerate der CD[13, 4, 14].

2.2 Das Kontrollbyte

Die 8 Bits im Kontrollbyte sind mit den Buchstaben P, Q, R, S, T, U, V und W benannt. Die korrespondierenden Bits in den 98 Frames eines Sektors bilden zusammen einen Subchannel (im Folgenden vereinfacht „Kanal" genannt).

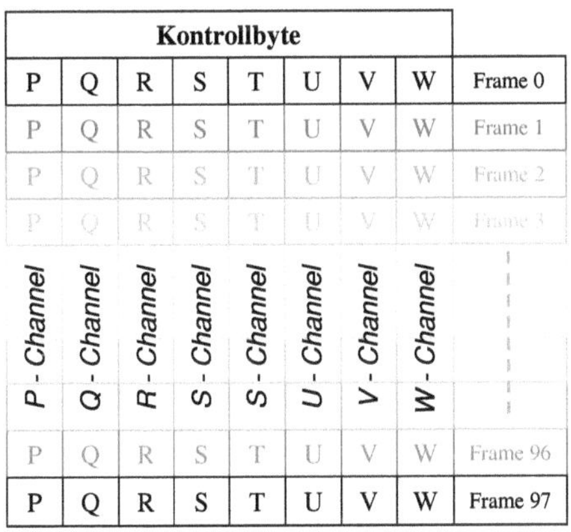

Abbildung 2: Aufbau der Subchannels

Relevant für eine einfache Audio-CD sind nur Kanal P und Q; für CD-Text werden die Kanäle R-W verwendet[1, 5, 15]. Kanal P kennzeichnet lediglich Anfang und Ende der Audio-Tracks (Titel); ansonsten stehen die Bits in diesem Kanal immer auf „0". In der Praxis wird Kanal P von den CD-Playern ignoriert, da diese sich alle benötigten Informationen aus Kanal Q holen können[1, 16, 17]. In diesem befinden sich folgende Daten: Kontrollinformationen (CTRL-Bits = Control Bits), Adressierung (ADR-Bits), Steuerdaten (Q-Daten) und eine Fehlererkennung für die aufgezählten Informationen (CRCC = Cyclic Redundancy Check Code). All diese Informationen bestehen jeweils aus zwei Bits und liegen für jeden einzelnen Titel der CD vor[18, 13, 1, 9].

2.2.1 Kontrollinformationen (CTRL-Bits)

Die Kontrollinformationen beinhalten folgendes:

- Anzahl der Audio-Kanäle: Hier wird festgelegt, ob es sich um ein zwei- oder ein vierkanaliges Signal handelt. Die Unterstützung für vier Kanäle auf der CD wurde jedoch nie implementiert[1].
- Preemphasis: Beim Erstellen der CD wird hierdurch festgelegt, ob der CD-Player den jeweiligen Titel mit oder ohne Preemphasis – eine Methode zur Rauschminderung – abspielen soll. Bei der Preemphasis durchläuft das Audiomaterial ein Filter, das den Höhenbereich anhebt. Der CD-Player erkennt dann, dass das Preemphasis-Bit auf „1" gesetzt wurde (das zweite Bit bleibt ungenutzt) und führt eine Höhenabsenkung, die so genannte Deemphasis, durch. Dabei wird Rauschen mit abgesenkt[17]. Davon abgesehen, dass die Verwendung der Preemphasis eine Verringerung des Gesamtpegels der CD zur Folge hat, da für das Anheben der Höhen bis zu 5 dB Headroom benötigt werden[3], wird sie von den meisten modernen CD-Playern nicht mehr unterstützt und sollte deshalb vermieden werden.
- DCP: DCP steht für „Digital Copy Permitted" (Digitale Kopie erlaubt) und kann beim Erstellen der CD mit „Ja" oder „Nein" beantwortet werden. Es ist Teil des „Serial Copy Management Systems" (SCMS), welches die einfache Sicherheitskopie von digitalen Audio-Medien erlauben, eine mehrfache Vervielfältigung jedoch verhindern soll[5]. Wenn man beim Mastering DCP verneint, stehen die Bits auf „10". Das bedeutet, dass eine einzige Kopie erlaubt

ist. Erfolgt diese Kopie auf digitalem Weg, wird die DCP-Information mit übertragen und der Rekorder setzt bei dem Medium, auf das überspielt wird, die DCP-Bits auf „11“. Das bewirkt, dass von dieser Kopie keine weiteren digitalen Kopien mehr erstellt werden können. Natürlich können jedoch unbegrenzt Kopien vom Original erstellt werden, was diesen Kopierschutz sehr unwirksam macht[16, 19]. Davon abgesehen ignorieren sowohl professionelle Geräte als auch Computer-Soundkarten und -Laufwerke die DCP-Information.

DCP bringt jedoch keinerlei Inkompatibilitäten oder andere Nachteile mit sich und kann daher nach Belieben verwendet werden.

- Audio-Signale oder Daten: Mit der Entwicklung weiterer CD-Standards wie der CD-ROM (Yellow Book) wurden diese vorher undefinierten Bits in den Red Book-Standard implementiert, welche kennzeichnen, ob es sich bei dem Titel um Daten oder um Audio-Signale handelt.

2.2.2 Adressierung (ADR-Bits)

Die Q-Daten können drei verschiedene Modi annehmen. Die Adressierung teilt dem CD-Player mit, in welchem Modus sich die Q-Daten des jeweiligen Titels befinden[18, 1, 9, 20].

2.2.3 Q-Daten

In Modus 1 können die Q-Daten zwei verschiedene Arten von Informationen beinhalten. Handelt es sich um den „Lead-in-Track“ der CD, befindet sich in den Q-Daten das Inhaltsverzeichnis (TOC = Table of Contents). Der Lead-in-Track wird grundsätzlich an den Anfang einer Audio-CD geschrieben und vom CD-Player nach dem Einlegen der CD zuerst ausgelesen. Das Inhaltsverzeichnis listet alle Titel inklusive ihrer Startzeiten und der Titelnummern, die der CD-Player anzeigen soll, auf[1].

Handelt es sich um einen Audio-Titel, beinhalten die Q-Daten dessen Nummer, Spielzeit, die absolute Spielzeit bezogen auf den Beginn des ersten Titels, sowie eventuell enthaltene Indizes (am CD-Player anwählbare Punkte innerhalb eines Titels). Die Zeitangaben erfolgen in Minuten, Sekunden und Frames, wobei eine Sekunde 75 Frames beinhaltet[1, 9, 7, 20]. Da für die Titelnummer nur zwei Ziffern zur

Verfügung stehen, können maximal 99 Titel adressiert werden. Lautet die Nummer nicht „01", „02" usw. sondern „AA", so kennzeichnet dies den Titel als „Lead-Out-Track". Dieser beinhaltet keinerlei weitere Informationen, sondern markiert lediglich das Ende der CD[18, 5, 21, 9].

Titel-nummer	Index-nummer	Minuten	Sekunden	Frames	0 (keine Daten)	Minuten absolut	Sekunden absolut	Frames absolut

Abbildung 3: Die Bytes der Q-Daten in Modus 1

In Modus 2 beinhalten die Q-Daten die CD-Katalognummer, die gemäß dem EAN-System codiert ist. EAN steht für „European Article Number" (Europäische Artikel Nummer); das inzwischen jedoch weltweit verwendet wird[18].

Ein Datenblock in Modus 3 gibt, falls vorhanden, den ISRC (International Standard Recording Code) für den jeweiligen Titel an[18]. Der ISRC ist eine zwölfstellige Kennung, die zur Identifikation eines Musiktitels dient, sofern dieser digital übertragen wird. Ein ISRC-Code muss in Deutschland bei der Deutschen Landesgruppe der IFPI (International Federation of the Phonographic Industry) beantragt werden[22].

2.2.4 Fehlererkennung (CRCC)

Um Fehler bei der Übertragung des Kontrollbytes zu erkennen, wird die CRCC-Methode verwendet; ein mathematisches Verfahren, das auf der Berechnung von Prüfsummen basiert. Hierbei werden jedoch keine Fehler beseitigt. Deshalb wird jeder Eintrag im Lead-in-Track für den Fall, dass etwas unlesbar sein sollte, dreimal wiederholt[18, 23].

2.3 Die Fehlerkorrektur der Audio-CD

Eine CD weist immer Fehler auf, die durch Toleranzen bei der Herstellung der Medien und CD-Rekorder entstehen – somit müsste man die CD als Mastering-Medium eigentlich ausschließen. Die weit verbreitete Annahme, bei gebrannten CDs wären grundsätzlich Fehler im Audio-Material, ist jedoch falsch. Denn im Red Book-Standard ist eine Fehlerkorrektur festgelegt, die die normalen Fehler einer CD vollständig korrigiert; die so genannte CIRC-Kodierung (CIRC = Cross Interleave Reed Solomon Code)[18, 3]. Durch diese wird die fehlerfreie Reproduktion der originalen Audiodaten ermöglicht, was die CD als Mastering-Medium ‚legitimiert'. Die Übertragung von Audiomaterial auf CD ist also im Normalfall nicht verlustbehaftet.

2.3.1 Paritätsbits

Die einzige Art von Fehler, die bei digitalen Audiodaten auftreten kann, ist, dass ein Bit den falschen Wert hat – also 0 statt 1 oder umgekehrt. Die erste Aufgabe des CIRC-Algorithmus ist es, solche fehlerhaften Bits zu erkennen[3].
Hierfür werden so genannte Paritätsbits zu den Nutzdaten hinzugefügt; zu jedem Datenbyte zunächst ein Bit. Wenn die Anzahl der „1"-Bits im Datenbyte gleich Null oder eine gerade Zahl ist, hat das Paritätsbit den Wert 0 und ansonsten den Wert 1. Ist nun ein Bit der Nutzdaten fehlerhaft, wird dies erkannt, da das Paritätsbit nicht mehr stimmt, und durch einfache Invertierung des Bits korrigiert. Um dabei das falsche Bit innerhalb des Bytes lokalisieren zu können, werden mehrere Paritätsbits aus verschiedenen Kombinationen der Nutzdaten gebildet[20]. Insgesamt werden acht Paritätsbits in zwei Stufen hinzugefügt – der C1- und der C2-Stufe – also 4 Bits pro Stufe[3, 1].

2.3.2 Cross Interleaving

Die Korrektur durch Paritätsbits funktioniert nur bei einzelnen fehlerhaften Bits. Sind mehrere aufeinander folgende Bits fehlerhaft, nennt man dies „Burst-Error" oder auch Flächenfehler[20]. Um solche korrigieren zu können, werden die in den Nutzdaten aufeinander folgenden Bits vor der Aufzeichnung nach bestimmten Mustern umverteilt, so dass sie auf der CD in gänzlich anderer Reihenfolge vorliegen. Dieses Verfahren wird als „Interleaving" (engl. Verschachteln) bezeichnet. Beim Lesen der CD wird die Umverteilung rückgängig gemacht (De-Interleaving) und dadurch eventuell vorhandene Flächenfehler in einzelne fehlerhafte Bits aufgeteilt, die durch die oben beschriebenen Paritätsbits zuverlässig korrigiert werden können. Die bei der CD angewandte weiterentwickelte Variante dieses Verfahrens nennt sich „Cross Interleaving" – hierbei wurde die Verschachtelung erweitert, indem die Daten mehrere Male auf verschiedene Art und Weisen umverteilt werden[3, 1, 24, 20].

Durch diese Fehlerkorrektur können bis zu 4000 aufeinander folgende Bits verlustfrei wiederhergestellt werden, was etwa einem radialen Kratzer auf der CD-Oberfläche von 2,47 mm Länge entspricht[5, 15, 8, 25]. Bei einem CD-Master jedoch werden jegliche physischen Schäden selbstverständlich ohnehin vermieden.

Befinden Fehler auf einer CD, die sich durch das oben beschriebene Verfahren nicht mehr korrigieren lassen, werden diese durch Interpolation ‚verwischt' oder in besonders schweren Fällen ausgeblendet. Bei der Interpolation wird als Ersatz für die fehlerhaften Bits der Mittelwert zwischen den benachbarten korrekten Bits gebildet[1, 15]. Dies ist in den meisten Fällen zwar nicht hörbar, darf bei einem CD-Master jedoch trotzdem nicht auftreten, da das Audio-Signal dabei natürlich auf unerwünschte Art und Weise verändert wird[4]. In Kapitel 7 wird deshalb beschrieben, wie man eine Master-CD auf derartige Fehler überprüfen kann.

2.4 Datenkodierung

Der gesamte Datenstrom der CD wird mit einem bestimmten Kodierungsverfahren auf das Medium geschrieben; der so genannten „Eight-to-fourteen Modulation" (EFM). Wie in Abschnitt 2.1 erwähnt, werden die Daten in Form von Pits und Lands auf die CD geschrieben. Hierbei wäre es ineffizient, die Daten direkt im Binärformat auf die CD zu schreiben, da dies zu viele und damit zu kleine Pits und Lands benötigen würde. Deshalb werden durch die EFM-Kodierung 8 Bit-Datenblöcke nach einer Umwandlungstabelle in 14 Bit-Blöcke konvertiert. Nach der Kodierung wird nun jeder Übergang von Pit zu Land und umgekehrt als Wert „1" gelesen, während ein nicht vorhandener Übergang „0" bedeutet[4, 26, 20]. Die Anzahl an Übergängen, die so benötigt wird, um die Daten zu übertragen, ist wesentlich geringer als die Anzahl der ursprünglichen Bits. Dadurch werden weniger Pits und Lands benötigt, wodurch diese letztlich größer sind – die definierte Größe beträgt 3 bis 11 Bits – und können vom CD-Player sicherer ausgelesen werden[1, 15, 9, 27]. Die Vergrößerung der Pits und Lands hat außerdem den Vorteil, dass Jitter auf der CD reduziert wird. Das Thema Jitter wird in Abschnitt 7.1.3 behandelt. Zu jedem 14 Bit-Datenblock werden außerdem noch 3 Merge-Bits hinzugefügt, so dass die Größe eines Blocks auf 17 Bit ansteigt. Merge-Bits sind Platzhalter, die vermeiden, dass ein Pit oder Land kleiner als drei Bits werden kann[13, 6, 5, 15]. Vor der EFM-Kodierung wird jedem Frame noch ein 3 Byte großes Synchronwort angehängt, wodurch die Größe eines Frames von 33 Bytes auf 36 Bytes ansteigt. Das Synchronwort benötigt der CD-Player, um den Anfang eines Frames zu erkennen[23, 9, 20]. Insgesamt fasst eine CD ca. 2,5 GB an Rohdaten, von denen durch EFM-Kodierung, Fehlerkorrektur etc. nur 754 MB für Nutzdaten verbleiben[15].

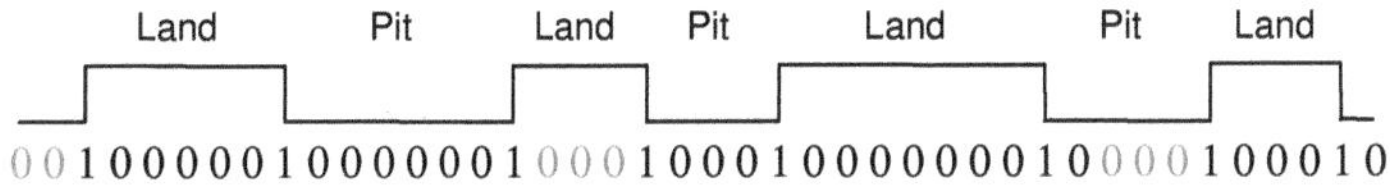

0 = Merge Bits

Abbildung 4: Die EFM-kodierten Daten in Form von Pits und Lands

2.5 Das Speicherverfahren

Für das Beschreiben rotierender Speichermedien gibt es unterschiedliche Verfahren, die sich grundsätzlich im Rotationsgeschwindigkeitsverlauf des Mediums bei der Speicherung unterscheiden. Bei der Audio-CD kommt das CLV-Verfahren zum Einsatz (Constant Linear Velocity = konstante Spurgeschwindigkeit). Hierbei wird die Umdrehungsgeschwindigkeit der CD in Abhängigkeit der Entfernung des Lesekopfes zum CD-Mittelpunkt abgesenkt (ungefähr von 500 U/min auf 200 U/min), so dass die relative Geschwindigkeit vom Lesekopf zur CD, also die Spurgeschwindigkeit, immer gleich bleibt[4, 28, 23, 25]. Dadurch werden eine konstante Datendichte und Datentransferrate erreicht[1, 29]. Der Datendurchsatz beträgt dabei 4,32 Mb pro Sekunde[5, 6, 9].

3. Erweiterungen der Audio-CD

Größere Plattenfirmen fordern heutzutage oft Audio-CDs mit Multimedia-Inhalten, die man sich auf dem Computer ansehen kann. Das können zum Beispiel Musikvideos, Interviews, Bilder oder Bildschirmschoner sein. Gelöst wird dies durch eine Multisession-CD, auf der sich eine Session mit den normalen Audiodaten inklusive Lead-In und Lead-Out und eine zweite Session im CD-ROM-Format befindet. Diese Kombination aus Red Book und Yellow Book – das ist der CD-ROM-

Standard – wurde 1995 als Blue Book spezifiziert[30]. Das Format ist auch bekannt unter den Bezeichnungen CD-Extra, CD-Plus oder Enhanced CD. Der Vorgänger der CD-Extra war die so genannte Mixed Mode CD, bei der der erste Titel die Computer-Daten enthielt. Vom CD-Player wurden diese als Audio-Titel gelesen und als hochpegeliges weißes Rauschen abgespielt oder stumm geschaltet[31]. Bei der CD-Extra hingegen wird, wie generell bei Multisession-CDs, nur die erste Session und damit das Audiomaterial abgespielt[4]. Das Erstellen einer vollständig dem Blue Book entsprechenden CD, die nicht nur zu allen CD-Playern, sondern auch zu allen Computer-Betriebssystemen wie Windows, MacOS oder Linux kompatibel ist, bringt jedoch Hürden mit sich, da es einige Dinge zu beachten gibt, was die Datenstruktur und die Dateiformate auf der CD betrifft[30]. Dies jedoch ist ein eigenes komplexes Thema, auf das in dieser Arbeit nicht näher eingegangen werden soll.

Eine simplere Erweiterung der einfachen Audio-CD ist der CD-Text. Hierbei werden Text-Informationen, die man in den entsprechenden Feldern des Brenn-beziehungsweise Masteringprogramms eingeben kann, in den Subkanälen R - W gespeichert, die ohne CD-Text einfach ungenutzt bleiben. CDs mit CD-Text entsprechen also ganz dem Red Book-Format. Es besteht auch die Möglichkeit, kleine Grafiken in den CD-Text einzubinden. Dies macht allerdings wenig Sinn, da es so gut wie gar keine CD-Player gibt, die Grafiken auf ihrem Display anzeigen können. Die Nutzung von CD-Text zur Anzeige von Songtitel oder Künstler ist jedoch durchaus üblich, verursacht keinerlei Kompatibilitätsprobleme und kann daher ohne Bedenken genutzt werden.

4. Orange Book (Part II): Die Spezifikation der CD-R

4.1 Eigenschaften der CD-R

Das Orange Book Part II beschreibt die Eigenschaften der CD-Recordable oder auch CD-WO (WO = Write Once). Im Orange Book Part III sind die Spezifikationen der CD-RW (RW = Rewritable) festgelegt, die jedoch aus Gründen, die in Abschnitt 5.2 erläutert werden, hier nicht behandelt wird; Part I beschreibt die Magneto-optische Disk[4, 5, 2, 23].

Die CD-R unterscheidet sich physisch von der Red Book-CD. Wenn man eine Audio-

CD brennt, erstellt man daher keine Red Book-CD, sondern eine Orange Book-CD, die kompatibel zum Red Book-Standard ist und dadurch von einem CD-Player gelesen werden kann wie eine Red Book-CD. Zur Herstellung wird ein CD-R-Rohling ebenso gepresst wie eine Red Book-CD. Statt der Daten wird hier jedoch eine Spur zur Führung des Schreiblasers auf die CD gepresst, ähnlich der Rille einer Schallplatte. Dieser so genannte „Pregroove“ oder umgangssprachlich „Wobble“ besitzt die Form einer Sinuswelle von 22,05 kHz, wodurch der CD-Rekorder die Schreibgeschwindigkeit kontrollieren kann[4, 32, 33]. Die Sinuswelle ist wiederum frequenzmoduliert und beinhaltet das ATIP-Signal (ATIP = Absolute Time In Pregroove), welches die absolute Laufzeit der CD angibt[1, 16, 23]. Dies ist notwendig, da der Rohling im unbeschriebenen Zustand noch keine Q-Daten mit Zeitangaben enthält. Weitere Daten, die das ATIP-Signal beinhaltet, sind die Kapazität des Rohlings, der Herstellercode, die vom Hersteller empfohlene Stärke des Schreiblasers und bei einer Audio-CD-R die in Abschnitt 5.1 erläuterte GEMA-Signatur (GEMA = Gesellschaft für musikalische Aufführungs- und mechanische Vervielfältigungsrechte).

Im Anfangsbereich einer CD-R (bei -35 Sekunden, also -00:35) befindet sich der PCA-Bereich (Power Calibration Area)[34, 35]. Diesen nutzt der CD-Rekorder, um einige Test-Daten auf den Rohling zu schreiben, diese anschließend zu überprüfen und auf diese Weise die optimale individuelle Laserstärke für den Rohling einzustellen. So wird sichergestellt, dass je nach Empfindlichkeit des Farbstoffes kein zu starker oder zu schwacher Laser verwendet wird. Diesen Vorgang nennt man OPC (Optimum Power Calibration)[28, 23, 36, 34].

Auf den PCA-Bereich folgt der PMA-Bereich (Program Memory Area), welcher beim Brennen im Track-at-once-Modus zum Einsatz kommt (siehe nächster Abschnitt).

4.2 Die verschiedenen Schreibmodi

Im Orange Book sind drei Modi zum Beschreiben einer CD-R definiert: Disc-at-once (DAO), Track-at-once (TAO) und Session-at-once (SAO). Im Zusammenhang mit diesen Modi stehen die Fixierung und die Finalisierung einer CD, welche manchmal verwechselt werden.

Im TAO-Modus wird der Programm-Bereich zuerst geschrieben; zwischen den einzelnen Audio-Tracks wird der Laser abgeschaltet und es können zu einem anderen

Zeitpunkt weitere Titel hinzugefügt werden, indem die „Session“ offen gelassen wird. Dabei wird ein temporäres Inhaltsverzeichnis (TOC) in den oben erwähnten PMA-Bereich geschrieben. Erst beim Fixieren der CD werden Lead-In- und Lead-Out-Bereich geschrieben, indem das TOC aus dem PMA-Bereich in den richtigen Lead-In-Bereich übertragen wird[1, 37, 28, 19].
Durch das Aus- und Einschalten des Lasers entsteht zwischen allen Titeln eine Pause von mindestens zwei Sekunden[4]. Moderne CD-Player sind zwar in der Lage, im TAO-Modus geschriebene CDs zu lesen, allerdings entsprechen diese nicht dem Red Book-Standard und werden daher vom Presswerk nicht akzeptiert. Davon abgesehen ist eine Zwangspause von zwei Sekunden zwischen allen Titeln natürlich auch nicht erwünscht, da dadurch fließende Titelübergänge unterbrochen werden.

Deshalb muss der DAO-Modus – auch Single-Session genannt – verwendet werden, um eine Red Book-kompatible CD zu erstellen. Hierbei wird die komplette CD, also Lead-In-, Programm- und Lead-Out-Bereich, in einer Session ohne Unterbrechung geschrieben und die CD damit automatisch fixiert.

Der SAO-Modus, auch Multisession genannt, funktioniert prinzipiell wie der DAO-Modus – es werden Lead-In-, Programm- und Lead-Out-Bereich in einem Durchgang geschrieben. Es können jedoch mehrere Sessions mit jeweiligem Lead-In- und Lead-Out-Bereich auf die CD geschrieben werden, wobei dem TOC Verknüpfungen zu den einzelnen Sessions hinzugefügt werden. Erst nach dem Finalisieren der CD können keine weiteren Sessions mehr hinzugefügt werden[28, 19]. Die Verknüpfungen zu den Sessions können von normalen CD-Playern jedoch nicht gelesen werden, da sie dem ISO-9660-Standard entsprechen – dies ist die Dateistruktur der CD-ROM[5, 28]. Deshalb spielen CD-Player nur die erste Session einer Multisession-CD ab[1].

5. Unterschiede und Eigenschaften von Rohlingen

5.1 Die verschiedenen Rohlingstypen

Es gibt mehrere Arten von beschreibbaren CDs, die sich prinzipiell für die Erstellung von Audio-CDs eignen – CD-R, CD-RW und Audio-CD-R oder Audio-CD-RW.

Die CD-R ist im Prinzip aufgebaut wie eine gepresste CD. Diese besteht aus einem aus Polycarbonat gefertigten Träger, in den durch das Glasmaster die Binärdaten in Form von Pits und Lands gepresst werden. Auf den Träger wird eine Metallschicht – die Reflexionsschicht, üblicherweise aus Aluminium – aufgedampft. Hierauf folgt eine Schicht Schutzlack, die bedruckt werden kann[4, 5, 14, 38].

Durch das unterschiedliche Reflexionsverhalten der Pits und Lands kann der CD-Player die Daten auslesen: Der Laser des CD-Players wird von den Lands reflektiert, jedoch nicht von den Pits. Das entstehende Hell-Dunkel-Signal wird von einer Foto-Diode empfangen und in ein elektrisches Signal umgewandelt[1, 4, 38].

Da die Daten bei einer CD-R nicht auf das Medium gepresst werden, muss dieses Reflexionsverhalten auf andere Art und Weise erreicht werden. Auf den Polycarbonat-Träger wird ein möglichst transparenter Farbstoff (Dye) aufgetragen, und darüber eine Reflexionsschicht aus Metall, die im unbeschriebenen Zustand den Laser reflektiert. Bei Erhitzung durch den Schreiblaser des CD-Rekorders verändert der Farbstoff seine Konsistenz und verdunkelt sich, wodurch die Reflektionsschicht hinter dem Farbstoff den Laser des CD-Players nicht mehr reflektieren kann. Auf diese Weise werden die Pits einer gepressten CD simuliert[1, 39, 40].

Eine CD-RW ist etwas anders aufgebaut und funktioniert durch die so genannte „Phase Change Technology“: Statt einem Farbstoff wird hier eine spezielle Legierung eingesetzt, die bei starker Erhitzung durch den Schreiblaser schmilzt. Dabei geht die Legierung vom kristallinen (hier wird der Laser noch reflektiert) in einen amorphen Zustand über, in dem die Moleküle des Materials kein regelmäßiges Gitter mehr bilden. In dieser Form reflektiert das Material den Laser nur noch schwach[41]. Um den amorphen Zustand jedoch aufrechtzuerhalten, muss das Material nach dem Schreibvorgang schnell abkühlen. Deshalb befindet sich über und unter der Aufzeichnungsschicht ein Dielektrikum, welches die Wärme ableitet[21]. Um die reflektiven Eigenschaften der Aufzeichnungsschicht zu verbessern, kommt auch bei der CD-RW eine Reflexionsschicht aus Metall zum Einsatz.

Audio-CD-R und Audio-CD-RW sind prinzipiell physisch identisch mit gewöhnlichen CD-Rs und CD-RWs. Das Gerücht, diese CD-Rohlinge wären von höherer Qualität, ist falsch. Es gibt jedoch zwei Unterschiede: Zum einen enthalten Audio-Rohlinge eine zusätzliche Information, und zwar eine Signatur der GEMA beziehungsweise RIAA (Recording Industry Association of America). Das bedeutet, dass im Kaufpreis des Rohlings eine Gebühr enthalten ist, die an die jeweilige Verwertungsgesellschaft abgeführt wird, da davon ausgegangen wird, dass man mit einem solchen Rohling in den meisten Fällen lizenzierte Musik kopiert. Deshalb sind Audio-Rohlinge teurer als normale CD-Rs. Zum anderen – dies ist von größerer Relevanz für den Studioeinsatz – sind sie für langsame Geschwindigkeiten ausgelegt, da HiFi-CD-Rekorder im Gegensatz zu CD-Brennern in Computern in Echtzeit schreiben, also mit 1-facher Geschwindigkeit. Für höhere Geschwindigkeiten sind diese Rohlinge absolut ungeeignet[1, 37, 42].

5.2 Materialien der Rohlinge – Reflexionsschichten und Farbstoffe

Der starke Kontrast zwischen Pits und Lands bei einer gepressten CD wird bei einer gebrannten CD in der Regel nicht erreicht, wodurch der CD-Player die Unterschiede weniger gut erkennen kann; durch Einfluss von Licht und Wärme verschlechtert sich der Kontrast zusätzlich. In PC-Magazinen und anderen Veröffentlichungen kursiert die Aussage, der Farbstoff beeinflusse in keiner Weise die Qualität eines CD-Rohlings[43]. Es werden jedoch je nach Hersteller verschiedene Farbstoffe und Metalle eingesetzt, um ein möglichst gutes und lange haltbares Reflexionsverhalten zu erzielen, und manche Farbstoffe kommen aufgrund ihrer schlechten Eigenschaften heutzutage überhaupt nicht mehr zum Einsatz.

Die Kriterien, die dabei beeinflusst werden, sind die Fehlerrate beim Brennen der CD, die Schreibgeschwindigkeit, die Haltbarkeit und die Lesbarkeit der CD. Das Ziel bei der Entwicklung eines Farbstoffes ist es, eine möglichst hohe Durchlässigkeit für Licht der Wellenlänge 780nm – die Wellenlänge des Lasers von CD-Playern – und eine möglichst starke Verdunkelung durch den Brennvorgang zu erreichen, um den größtmöglichen Kontrast zwischen Pits und Lands zu erreichen. Als Reflexionsschicht wird entweder Silber oder Gold verwendet. Eine Aluminiumschicht wie bei gepressten

CDs, die natürlich kostengünstiger wäre, kommt nicht in Frage, da zum einen das Aluminium mit den Farbstoffen chemisch reagieren und der Rohling somit unbrauchbar würde. Zum anderen wird die Reflexionsschicht bei der CD-R im Unterschied zur CD von dem darüber liegenden Farbstoff verdunkelt, weshalb er eine höhere Reflektivität besitzen muss[44]. Reflexionsschichten aus Gold sind zwar länger haltbar als solche aus Silber, da Gold nicht oxidiert, haben jedoch etwas schlechtere reflektive Eigenschaften und sind auch durch ihren hohen Preis größtenteils vom Markt verdrängt worden[42, 45]. An Farbstoffen gibt es mittlerweile fünf verschiedene, die mit der Reflexionsschicht aus Gold oder Silber kombiniert werden beziehungsweise wurden, wodurch sich unterschiedliche Farbtöne ergeben.

5.2.1 Phtalocyanin

Phtalocyanin wurde von der Firma Mitsui entwickelt. Die Verwendung dieses Farbstoffes führt zu den besten Ergebnissen, da Phtalocyanin die höchste Transparenz bietet und somit besonders viel Licht auf die dahinter liegende Reflexionsschicht durchlässt, was zu einem starken Kontrast der Pits und Lands führt[46, 39, 47, 48]. Diese Rohlinge sind deshalb auch mit älteren CD-Playern kompatibel. Zudem weisen sie die niedrigste Fehlerrate beim Brennen auf. Phtalocyanin kann sowohl mit Silber als auch mit Gold kombiniert werden. Die Haltbarkeit von Phtalocyanin kombiniert mit Gold wird auf über 100 Jahre geschätzt; die Kombination mit Silber soll eine Haltbarkeit von 80-100 Jahren bieten[4, 14, 41]. Die hohe Unempfindlichkeit des Farbstoffs gegenüber Licht brachte anfangs den Nachteil mit sich, dass die Rohlinge nicht gut für hohe Schreibgeschwindigkeiten geeignet waren, da die Laser der CD-Rekorder zu schwach waren[1]. Dies ist jedoch nicht mehr der Fall, seit die Laser entsprechend angepasst wurden.

5.2.2 Cyanin

Das von der Firma Taiyo Yuden entwickelte Cyanin war der erste Farbstoff auf dem Markt und hat die schlechtesten optischen Eigenschaften, da es im Vergleich zu Phtalocyanin eine geringe Transparenz aufweist und somit beim Brennen kein hoher Kontrast erzielt wird, was zu Inkompatibilitäten mit älteren CD-Playern führt[48]. Die Lebensdauer beträgt außerdem nur circa 10 Jahre, da es chemisch instabil und sehr lichtempfindlich ist; durch bestimmte Zusätze soll jedoch eine Lebensdauer von 20-50 Jahren erreicht werden[4, 49, 41, 39]. Durch die hohe Lichtempfindlichkeit ist es allerdings gut für hohe Schreibgeschwindigkeiten geeignet. Aus diesem Grund und weil es der kostengünstigste Farbstoff ist, ist er am meisten verbreitet und kommt bei billigen Rohlingen häufig zum Einsatz[14, 48]; durch die oben erwähnten Zusätze können die Medien jedoch auch teurer sein[47].

5.2.3 Azo

Azo, das von Mitsubishi und Verbatim entwickelt wurde, hat sehr ähnliche Eigenschaften wie Phtalocyanin, ist jedoch teurer, soll eine kürzere Haltbarkeit und einen etwas geringeren Kontrast besitzen und wird daher nur von Verbatim selbst verwendet[46, 21]. Als Reflexionsschicht kommt bei Azo nur Silber zum Einsatz.

5.2.4 Formazan

Formazan wurde von Kodak entwickelt und ist eine Mischung aus Cyanin und Phtalocyanin. Deshalb bietet es eine relativ lange Lebensdauer bei akzeptablen optischen Eigenschaften und ist für die meisten Schreibgeschwindigkeiten geeignet. Aufgrund seines hohen Preises ist Formazan jedoch ebenfalls nicht oft zu finden[47]. Als Reflexionsschicht wurde bisher immer Gold verwendet.

Für die CD-Rewritable gibt es ebenfalls unterschiedliche Stoffe, aus denen die einzelnen Schichten gefertigt werden. Am weitesten verbreitet für die Farbschicht ist eine Legierung aus Silber, Tellur, Antimon und Indium, welche zwar die besten Eigenschaften für eine CD-RW besitzt, jedoch in Bezug auf ihren Kontrast an keinen der CD-R-Farbstoffe heranreicht und deshalb für professionelle Audio-Aufnahmen ungeeignet ist[48, 21]. Deshalb wird die CD-RW in dieser Arbeit nicht weiter beachtet. Die geringe Reflektivität beziehungsweise der geringe Kontrast ist auch der Grund, warum CD-RWs von gewöhnlichen CD-Playern nicht gelesen werden können[1, 14, 16].

Jeder der beschriebenen Farbstoffe ist auf den jeweiligen Entwickler patentiert und muss von den CD-R-Herstellern lizenziert werden.

Da die Hersteller auf den Verpackungen ihrer CD-Rs nicht vermerken, welcher

Farbstoff verwendet wurde, muss man von der sichtbaren Farbe ausgehen. Es gibt zwar Software, die dem Anwender die ATIP-Informationen des eingelegten Rohlings anzeigt. Jedoch sind diese Angaben sehr unzuverlässig, da sie vom Hersteller des CD-R-Glasmasters stammen und lediglich eine Empfehlung dieses Herstellers darstellen, welcher Farbstoff zur Pressung der Rohlinge verwendet werden sollte[16, 23]. Aus den verschiedenen Farbstoff/Reflexionsschicht-Kombinationen ergeben sich folgende Rohlingsfarben:

Tabelle 1: Die Zusammensetzungen der Rohlinge und die resultierenden Farben

Farbstoff	*Reflexionsschicht*	*Resultierende Rohlingsfarbe*
Cyanin	Gold	Grün
Cyanin	Silber	Blau
Phtalocyanin	Gold	Golden
Phtalocyanin	Silber	Sehr helles Grün
Azo	Silber	Blau
Formazan	Gold	Dunkelgrün

6. Der Schreibvorgang

6.1 Ermittlung der Parameter durch den CD-Rekorder

Das Schreiben einer CD beginnt damit, dass der CD-Rekorder anhand der ATIP-Daten den Rohling identifiziert. Er erfährt dabei den Hersteller, den verwendeten Farbstoff und die Empfehlungen des Herstellers, wie der Rohling beschrieben werden soll. Diese Empfehlungen reichen jedoch nicht aus, um sämtliche Parameter des Laufwerks optimal für den jeweiligen Rohling zu justieren. Deshalb werden möglichst alle auf dem Markt erhältlichen Rohlinge vom Hersteller des CD-Rekorders im Labor getestet und geprüft, um die optimalen Einstellungen zu finden. Diese werden dann in der „Firmware" des Laufwerks gespeichert, so dass dieses die Informationen nach Identifikation des Rohlings abrufen kann. Daher ist es sinnvoll die Firmware eines Laufwerks auf dem neuesten Stand zu halten und aus demselben Grund sollte man nach Möglichkeit die vom Laufwerks-Hersteller empfohlenen Rohlinge verwenden. Denn meistens werden diese Empfehlungen aufgrund wissenschaftlich erzielter Ergebnisse ausgesprochen und sind keine reine Werbemaßnahme. Die Speicherung der Daten verschiedener Rohlinge in der Firmware ist der Grund, warum Rohlinge unterschiedlich gut mit verschiedenen CD-Rekordern funktionieren[50, 49, 35]. Firmware-Updates sind kostenlos auf den Internetseiten der Laufwerkshersteller erhältlich.

Ist ein Rohling nicht in der Firmware des CD-Rekorders gespeichert, hat letzterer durch die in Abschnitt 4.1 erwähnte OPC (Optimum Power Calibration) trotzdem die Möglichkeit, die optimalen Einstellungen für den Rohling zu ermitteln. Moderne CD-Rekorder besitzen außerdem eine Technik namens R-OPC (Running OPC). Hierbei findet während des gesamten Schreibvorgangs eine Messung der Reflektivität der CD-Oberfläche statt, so dass die Laserstärke gegebenenfalls währenddessen nachjustiert werden kann[49, 36]. Dies ist besonders sinnvoll, da der Farbstoff eines Rohlings nie zu 100% gleichmäßig aufgetragen werden kann und somit Schwankungen in der Reflektivität auftreten[35].

6.2 Schreibstrategien

Ursprünglich wurden CD-Rs immer auf dieselbe Art und Weise beschrieben, wie sie ausgelesen werden, nämlich in dem in Abschnitt 2.5 erläuterten CLV-Modus. Da die Bahngeschwindigkeit hierbei konstant bleibt, muss der CD-Rekorder die Laserstärke während des Schreibvorgangs nicht drastisch verändern, weshalb der CLV-Modus die beste Qualität liefert[35, 51]. Er funktioniert jedoch nur bis zu einer bestimmten Schreibgeschwindigkeit (beziehungsweise Lesegeschwindigkeit bei CD-ROMs). Um in diesem Modus die Schreibgeschwindigkeit – also die Datentransferrate – zu erhöhen, muss proportional dazu die Rotationsgeschwindigkeit der CD erhöht werden. Bei einer 20-fachen Schreibgeschwindigkeit bedeutet dies am Anfang der CD eine Rotationsgeschwindigkeit von 10.000 U/min, was eine extreme physische Belastung für das Laufwerk bedeutet. Um diese zu verringern, wurden mehrere alternative Verfahren entwickelt[28, 9].

6.2.1 Zone Constant Linear Velocity (ZCLV)

Hierbei wird die CD in mehrere Zonen aufgeteilt, die mit unterschiedlich hohen Geschwindigkeiten beschrieben werden. Es werden zum Beispiel die ersten 10 Minuten der CD, bei denen die Belastung am höchsten ist, konstant mit 16-facher Geschwindigkeit, die nächsten 20 Minuten mit 24-facher, die nächsten 30 Minuten mit 32-facher und das verbleibende Stück mit 40-facher Geschwindigkeit beschrieben[28, 35]. Der Wechsel von einer Zone in die nächste geschieht, indem die Rotationsgeschwindigkeit der CD auf die Anfangsgeschwindigkeit zurückgesetzt wird. Diese Methode wird von den meisten modernen CD-Rekordern verwendet[29].

6.2.2 Constant Angular Velocity (CAV)

CAV bedeutet übersetzt „konstante Winkelgeschwindigkeit". Hierbei wird also die Rotationsgeschwindigkeit der CD konstant gehalten, was in einer zum äußeren Rand der CD hin steigenden Bahngeschwindigkeit und damit einer steigenden Datentransferrate resultiert[28, 29]. Dies ist im Übrigen das gleiche Verfahren, nach dem die Schallplatte funktioniert[23]. Der Vorteil an dieser Methode ist, dass sie die höchste Schreibgeschwindigkeit liefert, da die Rotationsgeschwindigkeit konstant am Maximum gehalten werden kann. Der Nachteil ist, dass der CD-Rekorder ständig die Stärke des Schreiblasers an die steigende Bahngeschwindigkeit anpassen muss, was zu schlechterer Qualität der Aufzeichnung führt[35].

6.2.3 Partial Constant Angular Velocity (PCAV)

Eine weitere Variante ist die „teilweise konstante Winkelgeschwindigkeit", die eine Kombination aus CLV und CAV darstellt. Zuerst wird die Rotationsgeschwindigkeit der CD konstant gehalten, bis die Datentransferrate das eingestellte Maximum erreicht. Ab hier wird die Geschwindigkeit abgesenkt, so dass die Datentransferrate nun konstant bleibt[28, 29].

6.3 Besondere Technologien der CD-Brenner

Moderne CD-Rekorder besitzen eine Palette an besonderen, vom jeweiligen Entwickler patentierten Technologien zur Verbesserung der Qualität der gebrannten CDs. Diese Technologien halten jedoch oft nicht, was sie versprechen und sollten beim Anfertigen eines CD-Masters zum Teil sogar gemieden werden.

6.3.1 *Burn-Proof*

Um eine CD-R fehlerfrei zu brennen, ist es unerlässlich, dass der Schreibvorgang unterbrechungsfrei verläuft. Computer können jedoch nicht immer einen dauerhaft konstanten Datenstrom liefern, da auch bei schnellen Rechnern mit großem Arbeitsspeicher immer wieder Lastspitzen auftreten können, beispielsweise beim Öffnen eines Programms[52]. Um dem entgegenzuwirken, besitzen CD-Rekorder einen Puffer, in den sie eine größtmögliche Menge der benötigten Daten hinein laden und diese von dort abrufen können, falls die Datenzufuhr vom Computer abbricht. Ist dieser Puffer erschöpft, weil die Unterbrechung zu lange andauert, spricht man von einem „Buffer-Underrun". In diesem Fall wird der Schreibvorgang abgebrochen und der Rohling ist unbrauchbar[19, 35, 52]. Um dies zu vermeiden, hat die Firma Sanyo im Jahr 2000 eine Technik namens „BURN-Proof" entwickelt, die inzwischen in jedem Rekorder unter diesem oder einem anderen Namen zu finden ist.

Dabei wird während des Schreibvorgangs der Füllstand des Puffers überwacht. Fällt dieser unter einen bestimmten Wert, zum Beispiel 10%, pausiert der Rekorder automatisch den Schreibvorgang und setzt ihn wieder fort, sobald der Puffer wieder aufgefüllt wurde. Jedoch bleibt dieser Vorgang nicht komplett ohne Folgen. An der Stelle, an der das Schreiben unterbrochen wird, entstehen mehrere fehlerhafte Bits, die als Gap (engl. Lücke) bezeichnet werden[28, 52]. Zwar liegt deren Anzahl in einem Bereich, der von der Fehlerkorrektur grundsätzlich korrigiert werden kann, was die Technik für das ‚alltägliche Brennen' durchaus brauchbar macht, da man dadurch während des Brennens weiterarbeiten kann; auf einer Master-CD sollten solche Gaps jedoch trotzdem vermieden werden. Es gibt zwar Weiterentwicklungen der Burn-Proof-Technologie, bei denen die Unterbrechung angeblich komplett ohne Gap verläuft, jedoch konnte der Autor hierfür keinen Beleg finden[52]. Die Technologie muss außerdem von der verwendeten Brenn-Software unterstützt werden, was zumindest bei den meisten der Fall ist[52]. Gute Brennprogramme der aktuellen Generation verwenden sogar einen Teil des Arbeitsspeichers des Computers als zweiten Puffer, so dass Buffer-Underruns eigentlich der Vergangenheit angehören. Beim Erstellen einer Master-CD sollte man den Computer jedoch trotzdem nicht durch rechenintensive Programme wie zum Beispiel Audiosoftware mit vielen Spuren und Effekten belasten, solange der Brennvorgang läuft.

6.3.2 VariRec

Wie in Abschnitt 4.1 beschrieben, führt ein CD-Rekorder vor dem Brennen die OPC durch, bei der die optimale Laserstärke für den jeweiligen Rohling ermittelt wird. Die Firma Plextor hat ihren Laufwerken die Option beigefügt, die Laserstärke in begrenzten Schritten zusätzlich manuell zu verändern. Dies soll es ermöglichen, den beim Brennen entstehenden Jitter zu reduzieren und damit die Audio-Qualität zu verbessern[35]. Da durch den OPC-Vorgang jedoch bestmöglich die richtige Stärke eingestellt wird, macht die manuelle Einstellung keinen Sinn und ist ein Marketing-Gag, der besonders auf die „audiophile" Kundschaft abzielt.

6.3.3 GigaRec und Audio Master

Ebenfalls der Reduzierung von Jitter sollen diese Technologien von Plextor beziehungsweise Yamaha dienen, bei der die Pits und Lands in ihrer Länge gestreckt werden. Die Streckung wird einfach dadurch erreicht, dass die CD bei gleich bleibender Datentransferrate etwas schneller rotiert wird. Dass sich hierdurch die Speicherkapazität der CD um einige Minuten verringert, wird in Kauf genommen; auf einen 74-Minuten-Rohling passen so nur noch 63 Minuten[53]. Das Verfahren soll auch die Kompatibilität zu älteren CD-Playern erhöhen[54]. Die Idee ist nicht neu, da die ersten erhältlichen CD-Rohlinge ebenfalls nur eine Kapazität von 63 Minuten und ebenso große Pits und Lands aufwiesen[55]. Dies war jedoch nur der Fall, da der Fertigungsprozess zu diesem Zeitpunkt noch nicht ausgereift war. Heutzutage werden keine 63-Minuten-Rohlinge mehr hergestellt, da die größeren Pits und Lands bei der heutigen präzisen Fertigung der Rohlinge keinen Vorteil gegenüber 74-Minuten-CD-Rs mehr bieten. Im Gegenteil, sie liegen an der unteren Grenze des im Red Book-Standard festgelegten Toleranzbereiches für die Länge der Pits und Lands, während diese bei normal genutzten 74-Minuten-Rohlinge genau dem Standard entspricht[55].

Für die erhöhte Kompatibilität zu älteren CD-Playern konnte kein Beleg gefunden werden. Im Gegensatz dazu hat ein Anwender von Fällen berichtet, in denen CD-Rs, die mit GigaRec geschrieben wurden, auf einem gewöhnlichen CD-Player fehlerhaft abgespielt wurden[56]. Von der Nutzung dieser Technologie bei der Erstellung eines CD-Masters ist also abzuraten.

6.3.4 PowerRec, Smart Burn, Safe Burn und Just Speed

Unter all diesen Bezeichnungen verbirgt sich die gleiche Technologie, jeweils von einem anderen Hersteller[14]. Bei den meisten modernen CD-Rekordern findet während des Schreibens ein gleichzeitiger Lesevorgang statt, durch den die geschriebenen Daten direkt überprüft werden. Anhand der Qualität entscheidet die Rekorder-Software automatisch, ob die Schreibgeschwindigkeit gesteigert werden kann oder ob sie eventuell gesenkt werden sollte[36, 35]. Eventuell dauert der Schreibvorgang dann etwas länger, falls die Software entscheidet, dass die Geschwindigkeit gesenkt werden sollte. Dies ist eine sinnvolle Funktion, welche keinesfalls deaktiviert werden sollte – falls das überhaupt möglich ist.

7. Fehlerüberprüfung eines CD-Masters

7.1 Die möglichen Fehler

Wie bereits in Abschnitt 2.3 erwähnt, treten beim Brennen einer CD grundsätzlich Fehler auf. Dies liegt an Toleranzen bei der Fertigung der Laufwerke und Rohlinge. Fertigungstoleranzen gibt es ebenso bei der Pressung von Audio-CDs, die oft mehr Fehler enthalten als eine gebrannte CD. Hier schafft also auch kein Premastering auf anderen Medien wie U-Matic oder Exabyte Abhilfe. Nebenbei erwähnt unterstützen diese Medien außerdem nur ein Editieren des P- und des Q-Kanals und erlauben somit keine Implementierung von CD-Text, der in den Kanälen R-W gespeichert wird. Fordert eine Plattenfirma die Einbindung von CD-Text, führt am CD-Premastering folglich ohnehin kein Weg vorbei[57].

Es geht nun also darum, die Anzahl der digitalen Fehler auf dem CD-Master so gering wie möglich zu halten – so gering, dass sämtliche Fehler durch die CIRC-Dekodierung korrigiert werden können. Zur Angabe der Fehlerrate dient die „Block Error Rate“, kurz BLER genannt. Diese gibt die Anzahl an C1-Fehlern an, die beim Lesen einer CD innerhalb einer Sekunde auftreten und ist der wesentliche Wert für die Lesbarkeit einer CD[58, 49]. Die Red Book-Spezifikation schreibt einen Höchstwert von 220 für die maximale BLER einer CD vor, was ungefähr einem Fehleranteil von 3%

der Daten entspricht[33, 16]. Gute CDs, gebrannt oder gepresst, weisen eine maximale BLER von unter 50 auf[23, 59].

7.1.1 C1-Fehler

Die CIRC-Fehlerkorrektur besteht aus drei wesentlichen Stufen: Der C1-Stufe, der C2-Stufe und dem De-Interleaving. In der C1-Stufe werden dem Audiomaterial vier Paritätsbits pro Frame hinzugefügt. Wenn ausschließlich diese Paritätsbits der C1-Stufe zur Korrektur eines Fehlers benötigt werden, handelt es sich um einen C1-Fehler. Dieser ist wiederum in mehrere Stufen unterteilt: Ist in einem Frame ein Byte fehlerhaft, spricht man von einem E11-Fehler; zwei fehlerhafte Bytes stellen einen E21-Fehler dar und drei Bytes einen E31-Fehler[16, 60, 12]. Es existiert zwar keine einfache Computer-Software, die diese Fehler einzeln ermitteln kann; die Anzeige von C1-Fehlern generell ist jedoch auch ausreichend, um die Lesbarkeit einer CD festzustellen[60].

7.1.2 C2-Fehler

E11- und E21-Fehler werden von der C1-Stufe korrigiert, E31-Fehler jedoch nicht mehr[12, 60]. Diese durchlaufen nach der C1-Stufe das De-Interleaving. Die hierdurch verteilten, einzelnen Bits werden an die C2-Stufe weitergeleitet, welche aus vier weiteren Paritätsbits besteht. Die Unterteilung der C2-Stufe folgt nun dem gleichen Schema wie die C1-Stufe: Ist ein Byte fehlerhaft, handelt es sich um ein E12-Fehler; zwei fehlerhafte Bytes stellen einen E22-Fehler und drei einen E32-Fehler dar[60, 12]. Ein solcher E32-Fehler kann nicht mehr korrigiert werden und wird interpoliert; mehrere aufeinander folgende werden ausgeblendet[1, 49, 16]. E32-Fehler werden auch manchmal als CU-Fehler oder Clmp-Fehler bezeichnet[60, 4].

Um sicher zu gehen, dass keinerlei Störungen des Audio-Materials auftreten, vermeidet man C2-Fehler beim Erstellen einer Master-CD komplett. Die meisten Presswerke würden ein CD-Master mit C2-Fehlern ohnehin zurückweisen.

7.1.3 Jitter

Fehler entstehen nicht, weil falsche Bits auf die CD geschrieben würden – es gibt schließlich im Normalfall keinen Grund, warum ein CD-Rekorder zum Beispiel eine 0 schreiben sollte, wo eine 1 hingehört. Die Ursache für Fehler ist Jitter[61].

„There is no Jitter on a storage-medium – only the data is stored, not the clock. Likewise, there is no clock on a compact disc“ (Katz 2003)[62]. Der Mastering-Ingenieur Bob Katz sagt hier in seinem Buch aus, dass es auf einer CD keinen Jitter gäbe, da auf ihr keine Takt-Informationen gespeichert seien. Die letzte Aussage ist im Prinzip korrekt; auf einer CD ist kein Takt im audiotechnischen Sinne gespeichert, der der Synchronisation von Geräten dient. Jitter hat jedoch nicht zwangsläufig etwas mit Synchronisation zu tun, sondern bedeutet generell, dass eine Ungleichmäßigkeit im Timing beziehungsweise eine Abweichung in der Zeit von festgelegten Größen in einem Signal vorliegt[61, 7]. Wie in Abschnitt 2.4 beschrieben, müssen alle Pits und Lands auf der CD eine Länge von exakt 3 bis 11 Bits besitzen, je nach Informationsgehalt[33]. Die Signale, die die Photodiode des CD-Players ausgibt, sehen dadurch folgendermaßen aus:

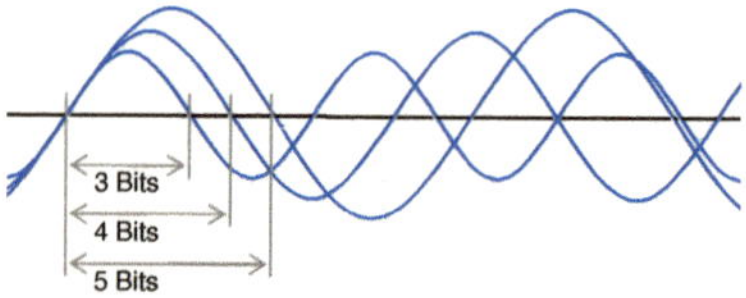

Abbildung 5: CD-Signale nach der Umwandlung in elektrische Spannung

Nun kommt es zu leichten Unregelmäßigkeiten der Größe der Pits und Lands, was ein ungleichmäßiges, also in der Zeit von den vorgesehenen Werten abweichendes Ausgangssignal zur Folge hat:

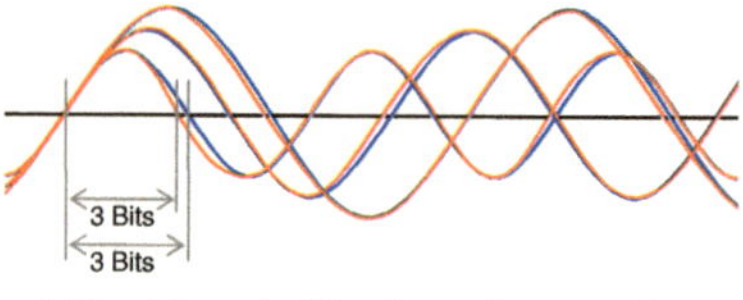

Abbildung 6: Abweichung der Signale von den vorgesehenen Zeiten

Diese Unregelmäßigkeiten entstehen unter anderem durch Toleranzen bei der Fertigung der CDs und der Laufwerke und stellen eine Form von Jitter dar[12]. Die Stärke der Abweichung wird als Jitter-Amplitude bezeichnet.

Wenn es um das Auslesen und Beschreiben von CDs geht, muss man allerdings zwischen zwei verschiedenen Arten von Jitter unterscheiden, nämlich zwischen den oben erklärten Unregelmäßigkeiten in der CD-Struktur und zwischen Abweichungen vom Datentakt, die beim Lesevorgang durch verschiedene Faktoren wie eine begrenzte Auflösung des Leselasers oder Einfluss von Reflexionen innerhalb des Laufwerks auf das abgetastete Signal entstehen[61, 23, 25]. Letztere werden von Bob Katz korrekt erläutert, sollen jedoch hier nicht behandelt werden, da sie von der Qualität des auslesenden CD-Players und nicht von der Qualität der CD abhängig sind.

Die einzige Folge von Jitter ist nun, dass manche Bits fehlerhaft ausgelesen werden, wenn die Abweichung eines Pits oder Lands von der vorgesehenen Länge größer ist als ein halbes Bit[61]. Jitter selbst ist also kein Fehler wie ein C1- oder C2-Fehler, sondern die Ursache für diese. Liegt die Anzahl dieser fehlerhaften Bits – wie bereits erwähnt – unter 220 pro Sekunde, werden sie durch die CIRC-Fehlerkorrektur ohne Verluste korrigiert und haben somit keinerlei Einfluss auf den Klang des Audiomaterials. Gerüchte, die beispielsweise besagen, dass Jitter auf einer gebrannten CD den Klang „dünner“ macht, also eine Absenkung der tiefen Frequenzen zur Folge hat, sind also nicht haltbar[63]. Der beim Auslesen einer CD entstehende Jitter kann übrigens zusammen mit einigen anderen Faktoren, die hauptsächlich den CD-Player betreffen, sehr wohl Auswirkungen auf den Klang haben.

In Anbetracht der Tatsache, dass Jitter lediglich die Ursache für die Fehler auf einer CD ist, ist es nicht sehr zweckmäßig, eine CD überhaupt auf Jitter zu überprüfen. Denn die einzige Aussage, die bei einer Feststellung von hohem Jitter gemacht werden kann, ist, dass die Fehlerrate vermutlich recht hoch ist. Deshalb ist es sinnvoller, ein CD-Master direkt auf C1- und C2-Fehler zu überprüfen, um eine Aussage über die Qualität machen zu können.

7.2 Programme zur Fehlerüberprüfung

Leider sind selbst Fehler, die nicht korrigiert werden können, durch Interpolation und Ausblendung nicht unbedingt hörbar. Deshalb ist es sinnvoll, vor der Abgabe der Master-CD an das Presswerk eine computergestützte Überprüfung der CD durchzuführen. Manche Brennprogramme, beispielsweise Ahead Nero oder die Brennfunktion der DAW-Software Magix Sequoia, bieten zwar eine Verifikation der gebrannten CDs, bei der die geschriebenen Audio-Daten mit den Quelldaten auf der Festplatte verglichen werden. Jedoch prüfen diese Programme die Daten nur auf

Lesbarkeit und geben nicht die Anzahl der Fehler an. Enthält eine CD zum Beispiel 300 C1-Fehler pro Sekunde, ist sie zwar vollständig lesbar und der Datenvergleich somit erfolgreich, allerdings ist sie nicht für die Vervielfältigung geeignet, da das Red Book das bereits erwähnte Maximum von 220 C1-Fehlern pro Sekunde vorschreibt.
Für eine aussagekräftigere Überprüfung gibt es simple Programme, die manchmal im Lieferumfang von CD-Rekordern oder Brennsoftware enthalten oder zum Teil sogar zum kostenlosen Download im Internet verfügbar sind. Im Folgenden sind einige Beispiele für derartige Programme aufgelistet:

- *CD-DVD Speed*: Im Lieferumfang der Software Nero enthalten und zum freien Download verfügbar auf www.cdspeed2000.com
- *PlexTools*: Im Lieferumfang von Plextor CD-Rekordern enthalten und erhältlich auf www.plextools.com
- *K-probe*: Zum freien Download verfügbar auf www.k-probe.com

Die Programme sind sich sehr ähnlich und bieten größtenteils die gleichen Grundfunktionen. Man kann mit ihnen eine CD auf C1-Fehler, C2-Fehler und manchmal auf Jitter überprüfen. Im Folgenden zwei Beispiele für einen CD-Test mit der Software K-probe:

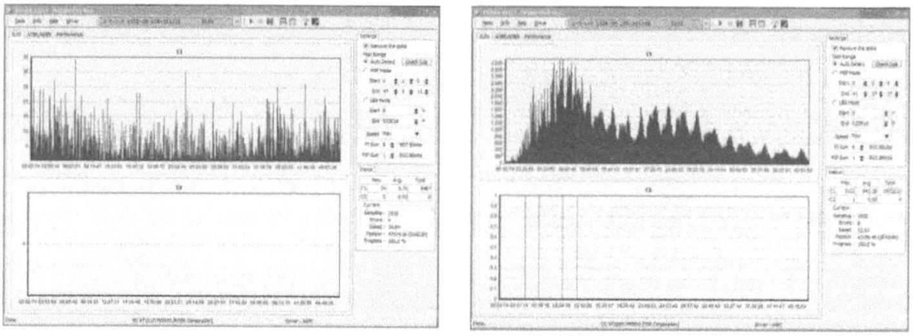

Abbildung 7: Untersuchung der Fehlerraten mittels der Software K-probe

Zwei verschiedene gebrannte CDs wurden zu Veranschaulichungszwecken überprüft. Das obere Feld stellt die C1-Fehler dar; das untere die C2-Fehler. Zu beachten ist, dass sich die Skala auf der Y-Achse, die die Anzahl der C1-Fehler anzeigt, automatisch in ihrer Größe dem Maximalwert anpasst. Deshalb sind die Graphen beider Messungen trotz sehr unterschiedlicher Ergebnisse gleich hoch. Die X-Achse stellt die Zeit der CD dar. CD 1 (links) hat eine maximale BLER von 34, keine C2-Fehler und ist somit geeignet für die Vervielfältigung. CD 2 (rechts) hat eine maximale BLER von über 3000 und vier C2-Fehler. Die CD wies schon einige Kratzer und Verunreinigungen auf. Deutlich hörbar waren die Fehler jedoch nicht.

Zu beachten ist, dass nicht alle CD-Laufwerke das Auslesen von Fehlern unterstützen und nicht alle Programme mit jedem Laufwerk kompatibel sind. Selbstverständlich können diese im Grunde recht simplen Tests nicht eine industrielle Qualitätskontrolle durch teure, hochwertige Messsysteme ersetzen. Bei diesen können vor allem auch die physischen Qualitätsmerkmale von CDs überprüft werden, wie zum Beispiel eine eventuelle Verzerrung der CD, die Dicke der Farbschicht, die Abmessungen der Pregroove-Spur oder auch die E12-, E22-, E32-Fehler etc. im Einzelnen[64, 44]. Die wirklich relevante Frage bei einem CD-Master ist jedoch, ob sämtliche Daten fehlerfrei ausgelesen werden können, und dies lässt sich durch die Ermittlung der BLER überprüfen.

8. Schreibgeschwindigkeit

8.1 Probleme beim Erhöhen der Geschwindigkeit

Die Schreibgeschwindigkeit ist mit Sicherheit das meist diskutierte Thema, wenn es um das Brennen von Audio-CDs geht. Das Gerücht, eine hohe Schreibgeschwindigkeit verringere die Audio-Qualität, hat sich bisher hartnäckig gehalten – sehr viele Menschen glauben zu hören, dass CDs, die zum Beispiel mit 16-facher Geschwindigkeit geschrieben wurden, deutlich schlechter klingen als solche, die 8-fach beschrieben wurden. Fragt man diese Personen danach, *was* genau an diesen CDs anders klingt, lautet die Antwort meistens nur, dass sie „eben irgendwie schlechter" klingen. Manche behaupten übrigens auch, dass sie Unterschiede zwischen verschiedenen Brennprogrammen oder gar SCSI-Controllern (ein Bauteil zum Steuern der Datenströme in Computern; SCSI = Small Computer System Interface) hören[65].

Das primäre Problem beim Erhöhen der Schreibgeschwindigkeit ist zunächst, dass dem Laser weniger Zeit zur Verfügung steht, um den Farbstoff zu erhitzen und dadurch die Pits zu erzeugen. Die nächstliegende Lösung hierfür ist, die Stärke des Schreiblasers zu erhöhen. Dann stellt sich allerdings das Problem, dass eine zu hohe Temperatur des Lasers nahe liegende elektronische Komponenten und auch die CD einschließlich noch nicht beschriebener Spuren zu stark erhitzt. Die Pits werden dann in Bereiche geschrieben, die bereits eine Temperatur von 70-80°C aufweisen, wodurch sich die gesamte Schreibtemperatur relativ unkontrolliert erhöht und zu unpräzise geschriebenen Pits führen kann. Die Folge ist erhöhter Jitter und damit eine erhöhte Fehlerwahrscheinlichkeit[51]. Um dem entgegen zu wirken, kann man die Dicke der Reflexionsschicht erhöhen, so dass diese die Wärme besser ableitet, jedoch wird dies aus Kostengründen selten gemacht[51]. Eine weitere, gängige Methode ist die Verringerung der Dicke der Farbschicht. Der Laser benötigt dadurch bei gleich bleibender Stärke weniger Zeit, um das Material zu erhitzen. Allerdings kann die Farbschicht natürlich nicht unendlich dünn gemacht werden, da sich mit abnehmender Stärke des Materials die Transparenz der Pits erhöht und dadurch der Kontrast zu den Lands sinkt, was eine schlechtere Lesbarkeit der CD zur Folge hat. Heutige Brenner und Rohlinge bilden durch leicht erhöhte Laserstärke und verringerte Dicke der Farbschicht einen Kompromiss. Alle Rohlinge sind daher für einen bestimmten Geschwindigkeitsbereich ausgelegt. Das bedeutet, dass man aktuelle Rohlinge nicht mit zu niedriger Geschwindigkeit brennen sollte, da die Farbschicht hierfür zu dünn ist und dann sozusagen ‚verbrennt'; das heißt, die Pits werden zu groß und unpräzise. Ist die Schreibgeschwindigkeit zu hoch für einen bestimmten Rohling, so werden die Pits nicht deutlich genug erstellt und es droht Datenverlust oder schlechte Lesbarkeit[48]. Der Geschwindigkeitsbereich steht zum einen auf der Verpackung und zum anderen in den ATIP-Informationen. Die meisten Brennprogramme lesen diese ATIP-Informationen aus und stellen im Auswahl-Menü für die Schreib-Parameter nur die entsprechenden Geschwindigkeiten zur Verfügung. Manche tun dies jedoch nicht; in diesem Fall sollte man unbedingt die auf der Verpackung angegebenen Geschwindigkeiten verwenden, auch wenn im Brennprogramm andere zur Verfügung stehen.

Auf der sicheren Seite ist man meistens, wenn man sich nicht in den Grenzbereichen der angegebenen Geschwindigkeiten bewegt. Einen Rohling, der beispielsweise für 12 – 48-fache Geschwindigkeit ausgelegt ist, brennt man am besten mit ca. 30-facher Geschwindigkeit. Die heutigen Rohlinge, die laut Verpackung bis 52-fache Geschwindigkeit geeignet sind, sind allerdings so konzipiert, dass man sie auch mit 60-facher oder höherer Geschwindigkeit beschreiben könnte, wenn die CD-Rekorder dazu in der Lage wären. Daher befindet man sich bei modernen Rohlingen nicht in deren Grenzbereich, wenn man sie mit maximaler Geschwindigkeit brennt.

Zur Überprüfung, welche Geschwindigkeit tatsächlich die besten Ergebnisse liefert, dient der oben beschriebene C1/C2-Fehlertest. Die Unterschiede zwischen den Ergebnissen bei verschiedenen Geschwindigkeiten sind oft sehr gering, da die CD-Rekorder die jeweils passende Laserstärke durch OPC und R-OPC zuverlässig ermitteln und somit meistens gute Ergebnisse erzielen. Eine Klangveränderung des Audiomaterials kann höchstens durch eine sehr hohe C2-Fehlerrate entstehen; allerdings selbst nur dann, wenn es sich um E32-Fehler handelt, die selbst von der C2-Stufe nicht mehr korrigiert werden können und somit interpoliert oder ausgeblendet werden müssen. Eine dermaßen fehlerhafte CD ist jedoch nur schwer zu erstellen, selbst wenn man sich außerhalb des Geschwindigkeitsbereiches bewegt, für den ein Rohling ausgelegt ist – was man natürlich ohnehin vermeidet. Von Klangveränderungen durch verschiedene Schreibgeschwindigkeiten kann unter normalen Bedingungen also keine Rede sein[63, 65, 23, 16]. Die Ursache für dieses hartnäckige Gerücht könnte sein, dass in den Anfangszeiten des High-Speed-Recordings Mitte der 90er Jahre die Rohlinge und CD-Rekorder eventuell noch nicht optimal an die höheren Schreibgeschwindigkeiten angepasst waren, so dass vielleicht wirklich enorme Fehlerraten auftraten, die negativen Einfluss auf den Klang hatten.

8.2 Überprüfung von unterschiedlich schnell gebrannten CDs

Um die Auswirkungen der Schreibgeschwindigkeit zu untersuchen, wurden Standard-Rohlinge der Marke Sony – laut Verpackung beschreibbar mit 1-48-facher Geschwindigkeit – mit einem CD-Brenner von LiteOn mit unterschiedlich hoher Geschwindigkeit beschrieben. Die Rohlinge hatten eine Kapazität von 80 Minuten und wurden alle mit demselben Programmmaterial mit einer Länge von 79,06 Minuten beschrieben. Für die Tests wurde K-probe und dasselbe Laufwerk von LiteOn verwendet. Alle Tests wurden mehrfach durchgeführt und die Ergebnisse wichen nur unerheblich voneinander ab.

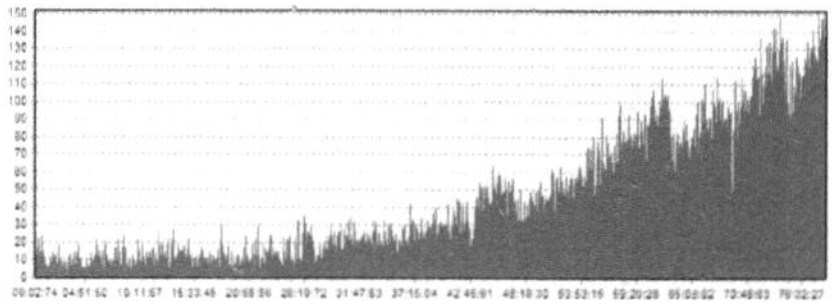

4-fache Geschwindigkeit
BLER Maximum: 152
C1 Durchschnitt: 36,95
C1 Insgesamt: 153110

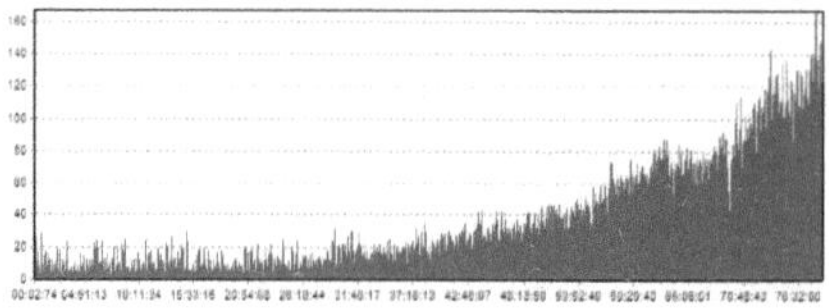

8-fache Geschwindigkeit
BLER Maximum: 167
C1 Durchschnitt: 30,19
C1 Insgesamt: 125153

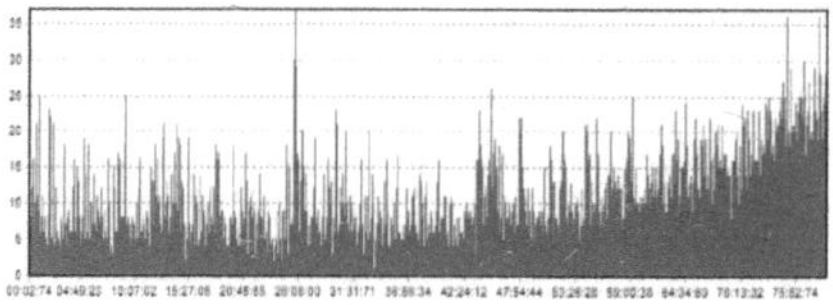

12-fache Geschwindigkeit
BLER Maximum: 37
C1 Durchschnitt: 7,01
C1 Insgesamt: 29131

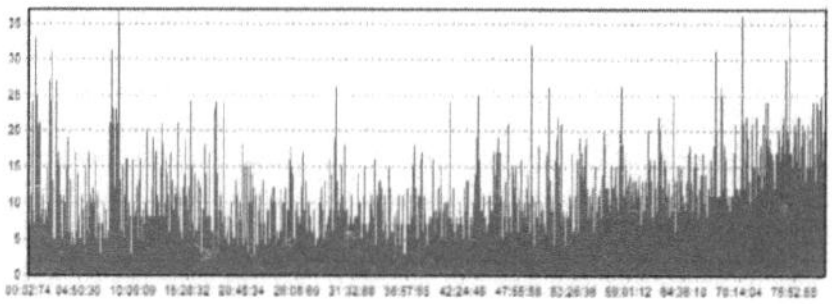

16-fache Geschwindigkeit
BLER Maximum: 37
C1 Durchschnitt: 7,21
C1 Insgesamt: 29921

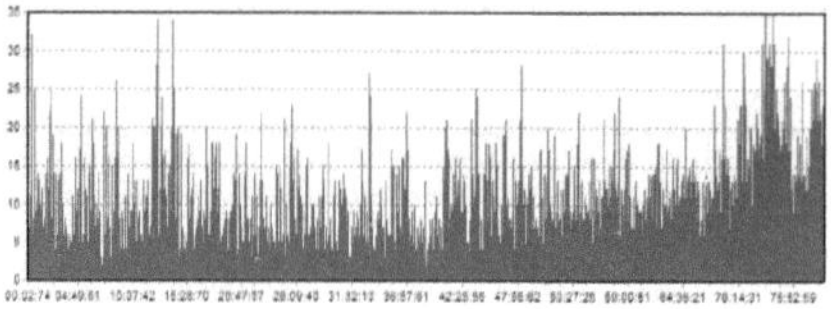

32-fache Geschwindigkeit
BLER Maximum: 35
C1 Durchschnitt: 7,15
C1 Insgesamt: 29688

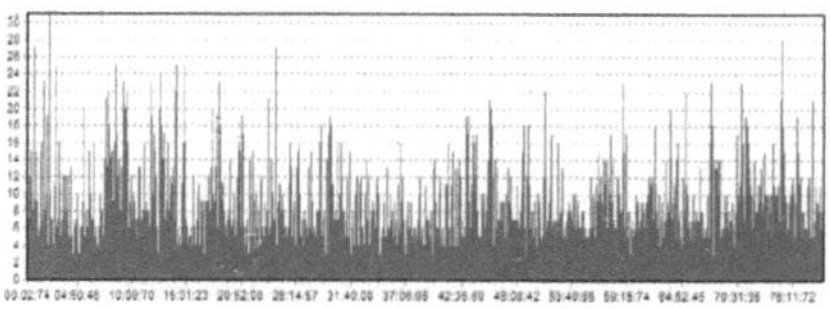

48-fache Geschwindigkeit
BLER Maximum: 31
C1 Durchschnitt: 5,18
C1 Insgesamt: 21847

Abbildung 8: Testergebnisse unterschiedlich schnell gebrannter CDs

Deutlich zu sehen ist die stark erhöhte Fehlerrate bei vierfacher und achtfacher Geschwindigkeit. Die Geschwindigkeiten von 12 - 48-fach ergaben keine großen Unterschiede, lediglich bei 48-facher Geschwindigkeit liegt eine merkliche Verbesserung der gesamten Fehleranzahl vor. Angesichts dieses Ergebnisses ist es fraglich, warum der Hersteller als maximale Schreibgeschwindigkeit nicht 52-fach angibt, da der Rohling damit ebenfalls kompatibel sein müsste. Hierfür wurde keine Begründung gefunden. Da keine der CDs C2-Fehler enthält und die BLER bei allen unter 220 bleibt, wären alle für die Vervielfältigung geeignet. Tests mit „Billig-Rohlingen“ der Marke Tevion ergaben bei Geschwindigkeiten über 12-fach ähnlich gute Ergebnisse; Geschwindigkeiten darunter resultierten jedoch in Fehlerraten von über 330, womit diese nicht mehr der Red Book-Spezifikation entsprachen. Die Auslesegeschwindigkeit ist für die Überprüfung übrigens nicht relevant.
Diese Tests sind selbstverständlich nicht repräsentativ für alle Rohlinge und CD-Rekorder. Sie zeigen jedoch eindeutig, dass es keineswegs richtig ist, ein CD-Master grundsätzlich mit langsamer Geschwindigkeit zu erstellen, wie es in professionellen Tonstudios sehr häufig gehandhabt wird. Sie beweisen außerdem, dass moderne Rohlinge für maximale Schreibgeschwindigkeiten optimiert sind und diese deshalb auch genutzt werden sollte.

Manche DAWs, beispielsweise Magix Sequoia oder die Workstations der Firma SADiE, bieten die Funktion direkt aus dem Arrangement der Software zu brennen. Dies hat den Vorteil, dass der zeitaufwändige Bounce-Vorgang wegfällt[57]. Der Nachteil ist, dass die CD in Echtzeit, also mit einfacher Geschwindigkeit geschrieben werden muss. Zwar kann man zum Beispiel in Sequoia die Geschwindigkeit erhöhen, allerdings funktioniert dies nicht mehr, sobald man externes Equipment in das Arrangement eingebunden hat. Außerdem hat das Brennen in Echtzeit den Vorteil, dass die CD während des Brennvorgangs angehört werden kann, was häufig dem Wunsch der Studio-Kunden entspricht. In diesen Fällen sind normale CD-Rs eher ungeeignet, da diese, wie in den obigen Tests gezeigt, für hohe Geschwindigkeiten ausgelegt sind und die Farbschicht bei einfacher Geschwindigkeit ‚verbrennt‘. In der Praxis ist dieser Effekt jedoch nicht so ausgeprägt, da man im Studio für gewöhnlich hochwertige CD-Rekorder einsetzt und diese ihre Laserstärke durch den

OPC-Vorgang sehr gut an den jeweiligen Rohling anpassen. Trotzdem haben eigene Tests gezeigt, dass Audio-CD-Rs bei einfacher Schreibgeschwindigkeit auch mit hochwertigen Studio-CD-Rekordern bessere Ergebnisse liefern, da diese kompromisslos für einfache Geschwindigkeit optimiert sind. Auf der Verpackung der Audio-Rohlinge wird zwar meistens angegeben, dass sie für bis zu vierfache Geschwindigkeit geeignet wären, allerdings bedeutet dies nur, dass ein Beschreiben mit dieser Geschwindigkeit überhaupt möglich ist, falls man einen Computer zum Brennen benutzt anstelle eines Stand-Alone-CD-Rekorders. Wie Tests zeigten, sind die Resultate dabei jedoch sehr dürftig; Audio-Rohlinge eignen sich nur für das Beschreiben mit einfacher Geschwindigkeit.

All diese Feststellungen bringen die Erkenntnis, dass es heutzutage keine Rohlinge mehr gibt, die für Schreibgeschwindigkeiten von zwei- bis ca. zehnfach geeignet sind – für gewöhnliche CD-Rs sind Geschwindigkeiten unter zehnfach zu langsam und für Audio-CD-Rs Geschwindigkeiten über einfach zu hoch. Dieser Geschwindigkeits-bereich sollte inzwischen also gemieden werden – es sei denn, man findet noch Rohlinge, die für zwei- bis maximal 12-fache Geschwindigkeit ausgelegt sind.

9. Kapazitäten von Rohlingen

9.1 Methoden zum Erhöhen der Kapazität

Die im Red Book spezifizierte Standard-Spielzeit ist 74 Minuten. Diese konnte bei den ersten CD-Rs jedoch noch nicht erreicht werden, da die Fertigungsprozesse noch nicht ausgereift waren. Deshalb hatten die ersten erhältlichen Rohlinge nur eine Spielzeit von 63 Minuten, was sich an der unteren Grenze des Toleranzbereiches der Spezifikation bewegt. Seit einiger Zeit sind die Fertigungsprozesse so weit ausgereift, dass man problemlos Rohlinge mit jeder gewünschten Kapazität herstellen kann.

Die unterschiedlichen Kapazitäten werden zum einen durch die Veränderung des Abstandes der Spuren zueinander erreicht. Die Pregroove-Spirale wird also enger auf die CD gepresst und kann dadurch länger sein, wodurch mehr Daten auf die CD passen. Zum anderen können die Pits und Lands verkürzt werden, indem die

Spurgeschwindigkeit beim Brennen verringert wird[66]. Beim Abspielen ergeben sich dadurch keine Probleme, da die CD-Player die Geschwindigkeit automatisch immer so regulieren, dass die Datenrate 4,32 Mb beträgt[4].

Wendet man diese beiden Verfahren so an, dass die Werte innerhalb der Spezifikation bleiben, kommt man auf Rohlinge mit einer Spielzeit von maximal 80 Minuten, was der heutigen Standard-Kapazität entspricht. Alles, was darüber liegt, also 90- und 99-Minuten-Rohlinge, ist nicht mehr kompatibel zum Red Book-Standard und darf daher nicht zur Vervielfältigung verwendet werden[66, 65]. Moderne CD-Player sind zwar in der Lage, CDs mit Überlänge zu lesen, jedoch muss natürlich auch die Kompatibilität zu älteren Geräten gewährt sein.

9.2 Überbrennen

Viele Brennprogramme stellen dem Anwender die Option zur Verfügung, eine CD zu „überbrennen". Dies wird dadurch ermöglicht, dass der Pregroove der Rohlinge meistens etwas länger ist als benötigt und das Brennprogramm diesen zusätzlichen Platz ausnutzt. Da das Beschreiben dieses Bereiches jedoch eigentlich nicht vorgesehen ist, nimmt die Qualität des Pregroove hier oft stark ab[67]. Zusätzliche Zeit wird beim Überbrennen erreicht, indem der Lead-Out-Bereich gekürzt wird. Dieser muss laut Red Book-Standard eine Länge von 90 Sekunden besitzen. Da er jedoch außer der Titelnummer „AA", die ihn als Lead-Out-Track kennzeichnet, keine Informationen enthält, kann man ihn einfach kürzen. Die CD entspricht dann allerdings nicht mehr der Spezifikation, weshalb keine Garantie für die Kompatibilität zu älteren CD-Playern gewährleistet werden kann[66, 16, 28].

Die Überbrennen-Funktion muss also beim Anfertigen eines CD-Masters ebenso gemieden werden wie Rohlinge mit Überlänge.

10. Häufige Mängel von Rohlingen

Heutzutage sind alle erhältlichen Rohlinge sehr günstig; die Preisunterschiede zwischen bekannten Markenrohlingen und Rohlingen beispielsweise der Discount-Supermarktkette Aldi sind teilweise sehr gering. Ebenfalls angenähert haben sich die

Lager, was ihre Qualität betrifft. So sind Aldi-Rohlinge inzwischen durchaus brauchbar; während mancher Markenrohling für die Erstellung eines CD-Masters nicht in Frage kommt. Leider bringt es auch nichts, grundsätzlich an einer Marke festzuhalten, die sich einmal als gut erwiesen hat, denn hinter einer Marke können sich mehrere Hersteller verbergen, die unterschiedlich hohe Qualität liefern und jederzeit wechseln können. Man kann zwar mit mancher Software – zum Beispiel den oben erwähnten Programmen zur Fehlerüberprüfung – den ATIP-Code eines Rohlings auslesen, der den Hersteller angibt. Jedoch ist diese Angabe nicht immer zuverlässig, da manche Hersteller, insbesondere aus China und Taiwan, keinen eigenen Herstellercode besitzen oder sogar fremde Codes verwenden (‚Rohlingsfälschung')[50]. Und selbst bekannte und bewährte Hersteller wie zum Beispiel Taiyo Yuden, die auch als Anbieter auftreten, kaufen aus diversen wirtschaftlichen Gründen manchmal Rohlinge bei anderen Herstellern ein[49, 68, 16, 23]. Zumindest kann man davon ausgehen, dass alle Rohlinge aus einer Verpackung beziehungsweise von einer Spindel vom selben Hersteller sind.

Es hilft also nur eine ständige Kontrolle der verwendeten Medien. Hierbei gibt es einige Merkmale, an denen man einen schlechten Rohling erkennen kann, bevor man ihn im Studio einsetzt.

Der mit Abstand größte Makel, den ein Rohling aufweisen kann, ist ein fehlender Schutzlack. Hier ist die Reflexionsschicht schutzlos der Umwelt ausgesetzt. Da sie extrem dünn und empfindlich ist, bedeutet jeder Kratzer auf der Oberseite der CD die Zerstörung der dort befindlichen Daten. Weitere Folgen sind nicht selten eine komplett abblätternde Reflexionsschicht und eine starke Oxidation des Metalls[16, 42]. Glücklicherweise werden derartige Rohlinge nach Wissen des Autors seit wenigen Jahren nicht mehr hergestellt.

Ein häufiger Mangel sind jedoch auch heute noch Risse am Innenring eines Rohlings. Diese können sich bei hohen Schreibgeschwindigkeiten durch die enormen Kräfte, die auf das Material einwirken, vergrößern, was im schlimmsten Fall dazu führt, dass der Rohling zerspringt und das Laufwerk zerstört[49, 39]. Diese Risse können leider auch des Öfteren bei Marken-Rohlingen gefunden werden. Die Firma Plextor baut in ihre CD-

Rekorder sogar besondere Schutzvorrichtungen ein, damit im Falle eines berstenden Rohlings keine gefährlichen Splitter aus dem Gehäuse austreten können[35].

Ein weiterer Mangel kann eine ungleichmäßig aufgetragene Farbschicht sein, so dass eine ständig wechselnde Stärke des Schreiblasers erforderlich wird[49, 14]. Zwar kann der Farbstoff auch bei hochwertiger Fertigung niemals völlig gleichmäßig aufgetragen werden, weshalb moderne Laufwerke die in Abschnitt 6.1 erwähnte R-OPC-Technik besitzen, um die Laserstärke nachzujustieren. Allerdings ist dies nur in einem gewissen Rahmen möglich und kann bei massiven Schwankungen in der Stärke der Farbschicht nicht vor Datenverlust schützen[36, 39].

Ebenfalls des Öfteren zu finden ist ein unsauber aufgebrachter Schutzlack, der am Rand der CD Lücken aufweist. Dies kann dazu führen, dass Sauerstoff an die Reflexionsschicht gelangt und diese oxidiert, was sich in einer dunklen Verfärbung des Randbereiches bemerkbar macht[49, 39]. In Anbetracht der kurzen Nutzungsdauer spielt dies bei einer Master-CD jedoch keine große Rolle und ist eher für Backup-Anwendungen relevant.

Häufig gespart wird auch bei der Reflexionsschicht: Wie bereits erwähnt, sind Rohlinge mit goldener Reflexionsschicht kaum noch erhältlich, da sie zu teuer sind. Allerdings ist natürlich auch Silber ein relativ wertvoller Rohstoff, weshalb die Hersteller die Reflexionsschichten so dünn wie möglich halten. Je dünner, desto transparenter werden die Schichten jedoch auch. Damit verlieren sie an Reflektivität, was dem eigentlichen Zweck der Reflexionsschicht widerspricht[23]. Die hohe Transparenz vieler Rohlinge ist deutlich erkennbar, wenn man sie gegen Licht hält.

Ein wichtiges Qualitätsmerkmal ist außerdem die Güte des Pregrooves; schlechte Rohlinge besitzen eine ungleichmäßige Führungsspur, was zu erhöhtem Jitter führt[69, 14]. Dies ist mit dem bloßen Auge jedoch nicht zu erkennen und macht sich leider erst nach dem Brennen in einer erhöhten BLER bemerkbar.

11. Zusammenfassung

Das Ziel dieser Arbeit war es, alle häufig bestehenden Unklarheiten rund um die Erstellung einer Audio-CD zu beseitigen und es dadurch zu ermöglichen, qualitativ hochwertige Master-CDs zu erstellen. Wichtig ist hierbei nicht nur das Ergebnis, sondern die allgemeine Sicherheit bei der Ablieferung der CD-Master an das Presswerk. Denn ohne eine computergestützte Fehlerüberprüfung der CDs kann man sich nie völlig sicher sein, ob die CDs geeignet für die Vervielfältigung sind. Sind sie es nicht, werden die CDs entweder vom Presswerk zurückgewiesen, was eine unerwünschte Zeitverzögerung des Vervielfältigungsprozesses und damit der Veröffentlichung der CD zur Folge hat, oder, was noch schlimmer ist, die CD wird trotz aller Fehler vervielfältigt und kann auf unzähligen CD-Playern nicht abgespielt werden.

Vor dem eigentlichen Erstellen der CDs schaffen die Informationen dieser Arbeit außerdem Sicherheit bei der Auswahl der richtigen Rohlinge und den Möglichkeiten, diese mit möglichst gutem Ergebnis zu beschreiben, was ein zeitraubendes Experimentieren im Studioalltag ersparen kann. Ungeeignete Rohlingstypen wie die CD-RW konnten ausgeschlossen werden, während die gezielte Verwendung von CD-R und Audio-CD-R für verschiedene Schreibgeschwindigkeiten untersucht wurde. Des Weiteren konnte erörtert werden, welche Materialien die besten Ergebnisse liefern und dass zum Beispiel der Schreibmodus Disc-at-once den einzig möglichen Modus zum Anfertigen einer Red Book-kompatiblen CD darstellt.

Es stellte sich heraus, dass über das Brennen von CDs sehr viel Fehlinformation existiert. Erfreulicherweise ist es gelungen, die bekanntesten und hartnäckigsten Gerüchte zu widerlegen, allen voran das Gerücht, eine schnelle Schreibgeschwindigkeit verringere die Audio-Qualität einer CD. Auch die Aussagen, gebrannte CDs würden grundsätzlich Fehler im Audio-Material beinhalten, die Farbe eines Rohlings habe keinerlei Auswirkungen auf dessen Qualität, Audio-Rohlinge seien generell von höherer Qualität als normale oder auf CDs gäbe keinen Jitter, konnten als falsch befunden werden. Des Weiteren war es wichtig zu hinterfragen, was sich hinter den besonderen, meist hoch angepriesenen Technologien moderner CD-Rekorder verbirgt. Manche davon sind dem Ergebnis einer hochwertigen Master-CD tatsächlich eher abträglich.

Wichtig für das Verständnis sämtlicher Untersuchungen – seien es die verschiedenen Schreibverfahren, die Tests der unterschiedlichen Schreibgeschwindigkeiten oder die Materialien der Rohlinge – ist das Wissen über die Funktionsweise und das Datenformat der CD, also über den Red Book-Standard. Denn hierauf bauen alle Themen auf: Ohne das Datenformat und dessen Fehlerkorrekturweise zu verstehen, kann man beispielsweise nicht wissen, was C1-, C2-Fehler oder Jitter bedeuten, und ohne dieses Wissen hätte wiederum nicht herausgefunden werden können, welche Auswirkungen die Schreibgeschwindigkeit oder die unterschiedlichen Materialien der Rohlinge haben.

Alles in allem kann diese Arbeit demjenigen, der ein CD-Master erstellen muss, viel Zeit und Ärger ersparen und sollte auch erklärten Gegnern der CD als Mastering-Medium zeigen, dass diese nicht so schlecht ist wie häufig angenommen. In den meisten Fällen, in denen mit der CD nicht die gewünschten Ergebnisse erzielt werden, würden die gesammelten Informationen dieser Arbeit vermutlich Abhilfe schaffen, da – wie bereits erwähnt – leider sehr viel Fehlinformation über die CD kursiert und demzufolge viele Fehler bei der Erstellung gemacht werden. Macht man alles richtig, stellt sich heraus, dass die CD ein durchaus ernstzunehmendes und gutes Mastering-Medium ist.

Literaturverzeichnis

1. Pohlmann, K. 2002. Compact Discs, SACD and DVD, in: G. Ballou (Hrsg.), *Handbook for Sound Engineers*, 3. Auflage. Burlington: Focal Press.

2. Mölck, S. 2003. *CD und DVD brennen*, Hamburg: KnowWare.

3. Henle, H. 2001. *Das Tonstudio Handbuch*, 5. Auflage. München: GC Carstensen.

4. Hanstein, H. 1998. *CD-Mastering*, Version 1.3. München: SAE Institut.

5. Sharpless, G. 2005. *Introduction to CD and CD-ROM* [online], Southwater: Deluxe Media Services. www.deluxemedia.com/images/cdintroduction.pdf [16.03.2006].

6. Baddeley, G. 1990. *Compact Discs - The Inside Story* [online], Victoria: Melbourne Audio Club Inc. http://home.pacific.net.au/~gnb/mac-cdis/index.html [16.03.2006].

7. ECMA 1996. *Data interchange on read-only 120 mm optical data disks (CD-ROM)* [online], Genf: ECMA. http://www.ecma-international.org/publications/files/ECMA-ST/Ecma-130.pdf [17.03.2006].

8. Layer 2 GmbH (kein Datum). *red book - die Audio-CD* [online], Hamburg: Layer 2 GmbH. http://audio.layer2.de/cdredbook.php [17.03.2006].

9. Asshoff, J. 2000. *Optische Datenspeicher - Der CD-Player* [online], Münster: Asshoff, J. http://www.muenster.de/~asshoff/physik/cd/cdplayer.htm [17.03.2006].

10. Bablok, B 2002. *Farbenlehre* [online], München: Linux New Media AG. http://www.linux-magazin.de/Artikel/ausgabe/2001/07/cdformate/cd-formate.html [17.03.2006].

11. Fogg, C. 1996. *Red Book* [online], San Francisco: MpegTV. http://www.mpeg.org/MPEG/DVD/Red_Book/CD.html [17.03.2006].

12. Spitzbart, Dipl.-Ing. FH J. 2003. *Qualitätskontrolle der CD-R als Archivspeichermedium* [online], Wien: AES Austria. http://www.aes-austria.org/CD_R0212/index.htm [22.03.2006].

13. Webers, J. 2003. *Handbuch der Tonstudiotechnik*, 8. Auflage. Poing: Franzis'.

14. Born, G. 2005. *Nero 7 Premium*, München: Markt+Technik.

15. Kuhn, Prof. K. (kein Datum). *Audio Compact Disk - Writing and Reading the data* [online], Washington: University of Washington. http://www.ee.washington.edu/conselec/CE/kuhn/cdaudio2/95x7.htm [16.03.2006].

16. McFadden, A. 2006. *CD-Recordable FAQ* [online], www.cdrfaq.org: McFadden, A. http://www.cdrfaq.org [16.03.2006].

17. Page, M. 1994. *Subcode on the Compact Disc* [online], Washington: University of Washington. http://www.ee.washington.edu/conselec/CE/reports/Group.1/matt_page_individual/subcode.html [17.03.2006].

18. Dickreiter, M. 1997. *Handbuch der Tonstudiotechnik*, 6. Auflage. München: Saur.

19. Macdonald, R. (kein Datum). *Burning your own CDs* [online], London: Future Publishing. http://www.computermusic.co.uk/tutorial/cds/cdmain.asp [16.03.2006].

20. Hartmann, N. and Scherer, E. 2002. *Grundlagen: CD-ROM* [online], München: IDG Business GmbH. http://www.tecchannel.de/ueberblick/archiv/401905/ [17.03.2006].

21. Caspari, C. 2006. *Infos zu CD-R und CD-RW* [online], www.elektronikinfo.de: Caspari, C. http://www.elektronikinfo.de/pc/cdrom.htm [17.03.2006].

22. Brockdorff, J.-F. 2004. *ISRC - Schlüssel zur Rechteverwaltung im digitalen Zeitalter* [online], Berlin: Deutsche Landesgruppe der IFPI e.V. http://www.ifpi.de/service/isrc.htm [06.04.2006].

23. Chapin, C. 2005. *CD Media Resource Center* [online], San Jose: Chapin, C. http://www.chipchapin.com/CDMedia/ [16.03.2006].

24. Guy, D. 2002. *CIRC, C1 and C2 errors, and Interleaving* [online], sirdavidguy.coolfreepages.com: Guy, D. http://sirdavidguy.coolfreepages.com/CIRC.html [16.03.2006].

25. Dumond, L. L. 2000. *Recording to CD: More than Meets the Ear* [online], Newport Beach: Digital Media Online, Inc. http://www.digitalprosound.com/Features/2000/Sept/RecCD.htm [12.04.2006].

26. Kuhn, Prof. K. (kein Datum). *Audio Compact Disk - An Introduction* [online], Washington: University of Washington. http://www.ee.washington.edu/conselec/CE/kuhn/cdaudio/95x6.htm [16.03.2006].

27. Prumbaum, F. (kein Datum). *Optische Speichermedien (CD-ROM, CD-RAM, DVD)* [online], Köln: Fachhochschule Köln. http://www.nt.fh-koeln.de/fachgebiete/inf/diplom/disks/visual4.html [17.03.2006].

28. Bennet, H. 2003. *Understanding CD-R & CD-RW* [online], Cupertino: Optical Storage Technology Association. http://www.osta.org/technology/pdf/cdr_cdrw.pdf [16.03.2006].

29. Toshiba GmbH (kein Datum). *CLV, CAV, PCAV, ZCLV* [online], Neuss: Toshiba GmbH. http://www.toshiba-europe.com/storage/Index.asp?slang=GE&nav=RSC_STT&page=STT&frame=content&Article_ID=CLV%2C+CAV%2C+PCAV%2C+ZCLV [17.03.2006].

30. Battino, D. 2002. How to Add Multimedia to Your CDs, in: *Electronic Musician*, 1/2002. Emeryville: Prism Business Media Inc.

31. Cinram Inc. 1999. *Enhanced CD Formats* [online], Ontario: Cinram Inc. http://www.cinram.com/cd/tech/cdenhanced.pdf [30.03.2006].

32. Guy, D. 2002. *ATIP Wobble* [online], sirdavidguy.coolfreepages.com: Guy, D. http://sirdavidguy.coolfreepages.com/ATIP_Wobble_Info.html [16.03.2006].

33. MAM-E Corporation 2001. *Das Funktionsprinzip* [online], Düsseldorf: MAM-E Corporation. http://corporate.de.mam-e.com/web/princ_fonc.htm [18.03.2006].

34. Starrett, B. 2000. *Before You Fire Up That Laser...* [online], Santa Clara: Roxio. http://www.roxio.com/en/support/cdr/fireup.html [23.03.2006].

35. Swusten, R. 2002. *The Process of Writing* [online], Zaventem: Plextor Corporation. http://www.plextor.be/technicalservices/technology/The Process of Writing.pdf [17.03.2006].

36. Plextor Corporation 2005. *Intelligent Recording on Plextor DVD/CD Writers* [online], Zaventem: Plextor Corporation. http://www.plextor.com/English/news/pdfs/intelligent-recording-whitepaper.pdf [17.03.2006].

37. Eastman Kodak Company 2002. *Audio Recording with KODAK CD-R Media* [online], Rochester: Eastman Kodak Company. http://wwwgr.kodak.com/global/en/service/publications/tib4297.jhtml [16.03.2006].

38. Brain, M. (kein Datum). *How CDs work* [online], Atlanta: HowStuffWorks.com. http://electronics.howstuffworks.com/cd.htm [16.03.2006].

39. Rietsch, C. (kein Datum). *CD Rohlinge Funktionsweise - Farbunterschiede: Beschichtung und Reflektionsschicht (Dye)* [online], Regnitzlosau: Rietsch, C. http://www.hardwarejournal.de/ws_rohlinge-unterschiede.htm [17.03.2006].

40. Harris, T. (kein Datum). *How CD Burners Work* [online], Atlanta: HowStuffWorks.com. http://electronics.howstuffworks.com/cd-burner.htm [17.03.2006].

41. Wurdack, Dr. I., Nuyken, Prof. Dr. O., and Samarian, Dr.-Ing. H. (kein Datum). *Wie funktioniert eine CD?* [online], Berlin: FIZ Chemie GmbH. http://www.vs-c.de/vsengine/vlu/vsc/de/ch/9/mac/stufen/polykondensation/polyester/cd/cd.vlu.html [16.03.2006].

42. Näser, W. 2004. *Fortlaufende Beobachtungen zum CD-Recording* [online], Marburg: Universität Marburg. http://staff-www.uni-marburg.de/~naeser/cd-burn.htm [16.03.2006].

43. Helmiss, A. 2002. Perfekter Rohling, in: *PC-Welt*, 1/2002. München: IDG Magazine GmbH.

44. Cochrane, K. 1996. *Is there a CD-R media problem?* [online], Wilton: CD-Info Company. http://www.cd-info.com/CDIC/Technology/CD-R/Media/problem.html [18.03.2006].

45. Anonym (kein Datum). *CD-R* [online], Detmold: Casisoft Mindware GmbH. http://www.asbyon.com/screen/wissen/lexikon/gl_012_0.asp [17.03.2006].

46. MAM-E Corporation 2001. *Die verschiedenen organischen Farbstoffe bei CD-Rs* [online], Düsseldorf: MAM-E Corporation. http://corporate.de.mam-e.com/web/sys_coul.htm [17.03.2006].

47. Whitlock, M. 2004. *Understanding Blank Write-Once CD & DVD Media* [online], Oak Brook: Capable Networks. http://www.techlore.com/article/10284/?page=1 [17.03.2006].

48. r-z-multimedia (kein Datum). *CD-Duplikation* [online], Hannover: r-z-multimedia. http://www.r-z-multimedia.de/000000972d0d6612c.html [17.03.2006].

49. Anonym 2001. Was bringen die CD-Tests wirklich?, in: *Upd@te*, 2/2001. Essen: Ruhrgas Computer Club.

50. Döring, M. 2005. Sicher ist sicher - Qualitätskontrolle für CD-Master, in: *Studio Magazin*, 8/2005. Oberhausen: Studio Presse.

51. Hartke, J. L. 2003. High Speed CD-R Risks, in: *medialine*, 2/2003. New York: CMP Entertainment Media.

52. Hartmann, N. 2002. *Report: BURN-Proof & Co.* [online], München: IDG Business GmbH. http://www.tecchannel.de/ueberblick/archiv/401904/ [17.03.2006].

53. Anonym 2003. *Review: Yamaha CRW-F1* [online], www.afterdawn.com: http://www.afterdawn.com/guides/archive/yamaha.cfm [17.03.2006].

54. Yamaha Electronics Corporation (kein Datum). *Audio Master Quality Recording* [online], Buena Park: Yamaha Electronics Corporation. http://www.yamahamultimedia.com/yec/tech/am_01.asp [17.03.2006].

55. Koch, M. 2002. Kein großer Fortschritt: 32x/40x-Brenner im Test, in: *PC Praxis*, Düsseldorf: Data Becker GmbH.

56. Keil, F. 2004. *Textbeiträge von Fabian Keil* [online], Overath: Keil, F. http://www.fabiankeil.de/ [17.03.2006].

57. SADiE 2005. *Sadie v5.4 PCM Manual*, Cambridgeshire: SADiE.

58. Lipinski, K. (kein Datum). *BLER (Block Error Rate)* [online], Peterskirchen: Datacom Buchverlag GmbH. http://www.itwissen.info/defintion/lexikon//bler__block error rate_blockfehlerrate.html [11.03.2006].

59. Scrip, J. (kein Datum). *Disc Errors* [online], Schaumburg: Massive Mastering. http://www.massivemastering.com/html/disc_errors.html [16.03.2006].

60. Anonym 2006. *C1-, C2- und CU-Fehler* [online], wiki.dchlb.de: www.dchlb.de. http://www.dchlb.de/phpwiki/C1-C2-CU-Fehler [17.03.2006].

61. Halliday, Dr. J. 1996. *Jitter, what it is and how to measure it* [online], Santa Fe Springs: ODC Nimbus. www.optical-disc.com/techpapers/ Jitterwhatitisandhowtomeasureit.pdf [16.03.2006].

62. Katz, B. 2003. *Mastering Audio*, Burlington: Focal Press.

63. Muller, T. 1999. *CD-Recording FAQ* [online], www.brennmeister.com: Muller, T. http://www.brennmeister.com/cdrfaq/ [18.03.2006].

64. MAM-E Corporation 2001. *Die MAM-E Qualitätskontrolle* [online], Düsseldorf: MAM-E Corporation. http://corporate.de.mam-e.com/web/ctl_qualit.htm [16.03.2006].

65. Fangmeier, J. 2004. *Feurio-FAQ* [online], Hamburg: Fangmeier, J. http://www.feurio.de/faq/index.shtml [22.03.2006].

66. Caspari, C. 2006. *Überbrennen und 80-Minuten-Rohlinge* [online], www.elektronikinfo.de: Caspari, C. http://www.elektronikinfo.de/pc/ueberbrennen.htm [16.03.2006].

67. Baumann, E. (kein Datum). *Überbrennen von CD-Rs* [online], Kordel: ebMEDIA. http://www.ebmedia.de/info_overburn.php3?VID=4422e11c92aae&cChk= [23.03.2006].

68. Peter, M. 2002. Fehlanzeige Rohling-Test, in: *PCtipp*, 2/2002. Zürich: IDG Communications AG.

69. Schnabel, P. (kein Datum). *Rohlinge (CD-R)* [online], Ludwigsburg: das ELKO. http://www.elektronik-kompendium.de/sites/com/0608021.htm [19.03.2006].